高等职业院校"三教改革"成果系列教材

51单片机C语言编程基础

主　编　徐云晴　潘亚宾
副主编　宋　超　杨　骏

北京理工大学出版社
BEIJING INSTITUTE OF TECHNOLOGY PRESS

版权专有　侵权必究

图书在版编目（CIP）数据

51 单片机 C 语言编程基础 / 徐云晴，潘亚宾主编. --北京：北京理工大学出版社，2021.7（2021.9重印）
ISBN 978-7-5682-9503-1

Ⅰ.①5… Ⅱ.①徐… ②潘… Ⅲ.①单片微型计算机－C 语言－程序设计－高等学校－教材 Ⅳ.①TP368.1 ②TP312.8

中国版本图书馆 CIP 数据核字（2021）第 157307 号

出版发行	/ 北京理工大学出版社有限责任公司
社　　址	/ 北京市海淀区中关村南大街 5 号
邮　　编	/ 100081
电　　话	/（010）68914775（总编室）
	（010）82562903（教材售后服务热线）
	（010）68944723（其他图书服务热线）
网　　址	/ http://www.bitpress.com.cn
经　　销	/ 全国各地新华书店
印　　刷	/ 涿州市新华印刷有限公司
开　　本	/ 787 毫米×1092 毫米　1/16
印　　张	/ 16
字　　数	/ 358 千字
版　　次	/ 2021 年 7 月第 1 版　2021 年 9 月第 2 次印刷
定　　价	/ 45.00 元

责任编辑	/ 王玲玲
文案编辑	/ 王玲玲
责任校对	/ 周瑞红
责任印制	/ 施胜娟

图书出现印装质量问题，请拨打售后服务热线，本社负责调换

前　言

"51 单片机 C 语言编程基础"是职业院校电子信息类专业普遍开设的一门专业群平台课程。其在五年制高职物联网应用技术、计算机网络技术和移动互联应用技术专业的指导性人才培养方案中都有设置。在传统的 C 语言教学中，大量采用强调语法和语言逻辑性的编程案例，教材组经过多年的教学实践和对相关的职业院校的调研中，发现学生对这样的教学提不起兴趣，C 语言教学长期以来成为电子信息类相关专业教学中的"堵点"。为此，教材组在"行知合一"理念的引导下，创新性地引入工程领域中常用的单片机作为学生学习 C 语言编程的载体，充分设计基于单片机 C 语言的工程项目，使学生在完成工程项目的过程中掌握 C 语言程序设计的基础知识和基本技能，并且把 C 语言的工程化编程思想融于项目实例中。本书同样适用于信息技术专业的 C 语言类的课程。

本书共 9 个项目和 5 个附录（其中附录五以电子版的形式提供）。通过每个项目的学习，读者都能完成一个基于 C 语言编程的 51 单片机的项目开发，以实现单片机的某一项功能。每一个项目都是以单片机开发的完整流程展开，同时，项目的设计又突出体现了各个项目的学习重点，前后项目既相对独立，又相互联系。

每个项目划分为多个任务，读者在逐个完成一系列任务后，也就实现了 51 单片机的某一项功能。

本书的部分图片可通过手机扫一扫功能扫描图片旁边或下方的二维码，查看该图彩色效果。

1. 项目主旨说明

教材项目	项目名称	项目主旨	内容及要求	建议学时	备注
项目一	制作我的单片机	熟悉硬件平台	认识常见的电子元器件； 掌握单片机最小系统； Altium Designer 软件的使用； 焊接单片机	8	读者可根据自身实际情况适当调整学时数
项目二	让我的单片机亮起来	掌握 C51 软件，掌握 C 语言基础	掌握标识符、变量与常量、十六进制、数据类型、赋值、赋值运算、算术运算等 C 语言的基本概念； 掌握三种基本结构的流程图的绘制	8	

续表

教材项目	项目名称	项目主旨	内容及要求	建议学时	备注
项目三	让我的单片机动起来	顺序结构	理解C语言的顺序结构；掌握单片机的烧录方式	8	
项目四	让我的单片机响起来	选择结构	理解C语言的选择结构；掌握if、if…else、关系运算、逻辑运算	8	
项目五	让我的单片机自动化	循环结构for、while、do…while	理解C语言的循环结构；掌握for、while、do…while、break、continue	8	
项目六	让我的单片机数字化	数组	理解一维数组的概念，掌握一维数组的定义、初始化、元素引用 *认识二维数组	6+4	
项目七	让我的单片机智能化	函数	函数定义；参数；调用；原型声明；*头文件；按键识别与数码管显示；switch case	8+2	
项目八	让我的单片机炫起来	结构体	结构体；共用体；枚举	8	
项目九	让我的单片机功能化	指针	变量指针；数组与指针；指针数组；*函数指针与指针函数	10+4	
		总计		72+10	
附录项目		附录内容			
附录一		C语言关键字			
附录二		ASCII			
附录三		运算符			
附录四		Keil C51常见编译错误			
附录五		原理图、PCB器件清单			
说明：	*为选修模块，其余为必修模块，必修模块72学时，选修模块10学时。40~45分钟计为1学时。				
注：本书附有配套的实验套装的详细资料，便于读者自制。同时，实验套装也提供单独购买，请联系作者邮箱pyb789@qq.com。					

2. 项目栏目说明

（1）项目简介：说明网站主题和项目主旨。

（2）项目目标：说明本项目包含的学习要点。

（3）工作任务：说明项目分解的主体模块任务。

3. 任务栏目说明

（1）任务描述：给出本任务的效果图，并做任务分解。

（2）任务目标：说明本任务的学习目标。

（3）知识准备：对完成任务涉及的知识进行相对系统的说明，读者可选择性地进行学习。

（4）任务实施：按照任务实施分解的步骤顺序，做详细的操作指导。

（5）小贴士：对任务实施中出现的关键性技术要点给出提示。

（6）想一想：对任务实施中出现的易混淆的技术点提示读者思考归纳。

（7）任务评价：通过列表形式对实施本任务需达成的学习指标进行评价。

（8）思考练习：参考本任务的知识和技能要点，给出读者练习内容（偏理论）。

（9）任务拓展：通过完成一个完整网站或网页的开发，使读者回顾本任务的学习重点，并尝试进一步对任务中的深入要求进行探究。

本书主要由无锡旅游商贸高等职业技术学校的教师团队开发，徐云晴、潘亚宾担任主编，宋超、杨骏担任副主编。其中，宋超编写了项目一和项目三，徐云晴编写了项目二并统筹了全稿，杨骏编写了项目四、项目五和项目六，潘亚宾编写了项目七、项目八、项目九及附录。

本书由常州工程职业技术学院杨小来老师主审，在此表示感谢。

编　者

目　录

项目一　制作我的单片机——熟悉硬件平台 ... 1
　　任务一　认识单片机的电子元件 ... 1
　　任务二　认识单片机系统的原理图 ... 10
　　任务三　动手焊接我的单片机 ... 22

项目二　让我的单片机亮起来——掌握 C51 软件、掌握 C 语言基础 ... 31
　　任务一　认识 Keil μVision 软件 ... 31
　　任务二　编写"我的第一个 C 语言程序" ... 45
　　任务三　烧录程序，点亮我的单片机 ... 54

项目三　让我的单片机动起来——顺序结构 ... 63
　　任务一　认识 C 语言语句结构 ... 63
　　任务二　Diagram Designer 绘制流程图 ... 72
　　任务三　编写程序，让单片机动起来 ... 79

项目四　让我的单片机响起来——选择结构 ... 84
　　任务一　按键测试 ... 84
　　任务二　按键控制 LED 流水灯 ... 96
　　任务三　按键控制蜂鸣器 ... 103

项目五　让我的单片机自动化——循环结构 ... 108
　　任务一　while 语句控制下的流水灯 ... 108
　　任务二　do…while 语句控制下的流水灯 ... 114
　　任务三　for 语句控制下的流水灯 ... 118

项目六　让我的单片机数字化——数组 ... 123
　　任务一　显示字符"1" ... 123
　　任务二　循环显示字符"0～F" ... 127
　　任务三　10 秒计时切换——二维数组解决法 ... 132

项目七　让我的单片机智能化——函数 ··· 137
- 任务一　用有参函数控制 LED 灯的闪烁速度 ··· 143
- 任务二　按键识别功能模块的函数实现 ··· 149
- 任务三　按键控制 LED 流水灯速度 ··· 156

项目八　让我的单片机炫起来——结构体 ··· 164
- 任务一　认识指针 ··· 164
- 任务二　让"多彩报警灯"炫起来 ··· 179
- 任务三　输出字符串"Huawei" ··· 188

项目九　让我的单片机功能化——指针 ··· 196
- 任务一　LED、数码管和蜂鸣器组成交响乐团 ··· 196
- 任务二　让我告诉你今天星期几 ··· 212
- 任务三　让我们手拉手亮起来 ··· 221

参考文献 ··· 229

附录一　C 语言关键字 ··· 230
附录二　ASCII ··· 231
附录三　运算符 ··· 237
附录四　Keil C51 常见编译错误 ··· 240
附录五　原理图、PCB 器件清单 ··· 242

项目一 制作我的单片机
——熟悉硬件平台

一、项目简介

让硬件案例融进枯燥的程序语言学习中,让学生动起手来是提高职业学校课堂效率的好方法,本项目让学生制作"我的单片机",学生在认识电子元件、熟悉电路图的同时,体验动手完成项目的成就感,提高今后学习 C 语言的兴趣。

二、项目目标

本项目以制作"我的单片机"为例,让学生了解常用的电子元器件,读懂单片机工作的电路图,根据电路图进行焊接,最终制作出一个能运行 C 语言程序的单片机。

三、工作任务

根据制作"我的单片机"项目要求,基于工作过程,以任务驱动的方式,将项目分成以下三个任务:
① 认识单片机的电子元件。
② 认识单片机系统的原理图。
③ 动手焊接我的单片机。

任务一 认识单片机的电子元件

(一)任务描述

通过展示"我的单片机"成品(图 1-1),让学生认识单片机各个电子元件的外观和功能。

(二)任务目标

通过本次任务的学习,使学生理解单片机最小系统板和外设板的区别,认识 STC89C52 主芯片外观和功能,认识数码管、LED、蜂鸣器等,能根据实物说出电容的容量、电阻的大小、元器件的正负极等。

"我的单片机"成品

图1-1 "我的单片机"成品

知识准备

1. 51单片机

51单片机是对所有兼容 Intel 8031 指令系统的单片机的统称。该系列单片机的始祖是 Intel 的 8004 单片机,后来随着 Flash ROM 技术的发展,8004 单片机取得了长足的进展,成为应用最广泛的 8 位单片机之一,其代表型号是 ATMEL 公司的 AT89 系列,它广泛应用于工业测控系统之中。

2. STC89C52 芯片

STC89C52 芯片如图 1-2 所示和图 1-3 所示,是 STC 公司生产的一种低功耗、高性能 CMOS 8 位微控制器,具有 8 kB 系统可编程 Flash 存储器。STC89C52 使用经典的 MCS-51 内核,但是做了很多的改进,使得芯片具有传统的 51 单片机不具备的功能。在单芯片上,拥有灵巧的 8 位 CPU 和可编程的 Flash 系统,使得 STC89C52 为众多嵌入式控制应用系统提供高灵活、超有效的解决方案。

3. 电阻

电阻(图 1-4)是所有电子装置中应用最为广泛的一种元件,也是最便宜的电子元件之一。它是一种线性元件,在电路中的主要用途有限流、降压、分压、分流、匹配、负载、阻尼、取样等。

按电阻的制作材料来分,可分为金属膜电阻、碳膜电阻、合成膜电阻等。

按电阻的数值能否变化来分,可分为固定电阻、可变电阻(电阻值变化范围小)、电位器(电阻值变化范围大)等。

项目一　制作我的单片机——熟悉硬件平台

图1-2　STC89C52

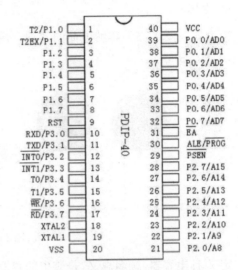

图1-3　STC89C52引脚图

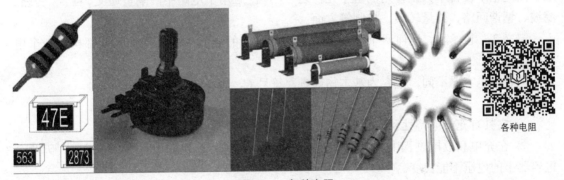

图1-4　各种电阻

按电阻的用途来分，可分为高频电阻、高温电阻、光敏电阻、热敏电阻等。

在电阻封装上（即电阻表面）涂上一定颜色的色环，来代表这个电阻的阻值。

以常用的四色环电阻为例：

前两个色环正常读数。比如，棕黑金金，棕黑就是10。

黑，棕，红，橙，黄，绿，蓝，紫，灰，白，　金，　银

0，1，2，3，4，5，6，7，8，9，±5%，±10%

倒数第二环，表示10的幂数。棕黑金金，倒数第二环的金就是10的-1次幂，就是0.1。

黑，棕，红，橙，黄，绿，蓝，紫，灰，白，金，银

0，1，2，3，4，5，6，7，8，9，-1，-2

最后一位，表示误差。棕黑金金，最后一环的金就是±5%。

　黑，　棕，　红，　橙，　黄，　绿，　蓝，　紫，　灰，　白，　金，　银

---，±1，±2，---，---，±0.5，±0.25，±0.1，±0.05，---，±5，±10

所以如果是棕黑金金色的电阻，就是 $10×0.1±5\%=1±5\%$，也就是1Ω误差5%的电阻。

4. 电容

电容器（图1-5）容纳电荷的本领，通常简称为电容，用字母C表示。

图1-5 电容

定义1：电容器，顾名思义，是装电的容器，是一种容纳电荷的器件。英文名称为capacitor。电容器是电子设备中大量使用的电子元件之一，广泛应用于电路中的隔直通交、耦合、旁路、滤波、调谐回路、能量转换、控制等方面。

定义2：电容器，任何两个彼此绝缘且相隔很近的导体（包括导线）间都构成一个电容器。

电容与电容器不同。电容为基本物理量，符号C，单位为F（法拉）。

特点：

① 它具有充放电特性和阻止直流电流通过、允许交流电流通过的能力。

② 在充电和放电过程中，两极板上的电荷有积累过程，也即电压有建立过程，因此，电容器上的电压不能突变。

5. 插针与开关

电路板上有些元件串联在电路中起着连接各个系统或电路模块的作用，如插针（图1-6），配合短路帽（图1-7）或杜邦线（图1-8）可连接电路板上的各个元件。此外，在电子元件中，还有各类开关（图1-9）控制电路的联通和断开。

图1-6 插针

图1-7 短路帽

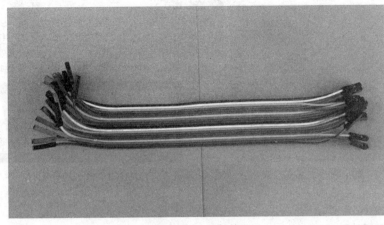

杜邦线

图 1-8 杜邦线

图 1-9 各类开关

6. 发光二极管

发光二极管简称为 LED（图 1-10），它由含镓（Ga）、砷（As）、磷（P）、氮（N）等的化合物制成。

当电子与空穴复合时，能辐射出可见光，因而可以用来制成发光二极管，在电路及仪器中作为指示灯，或者组成文字或数字显示。砷化镓二极管发红光，磷化镓二极管发绿光，碳化硅二极管发黄光，氮化镓二极管发蓝光。根据化学性质，又分有机发光二极管 OLED 和无机发光二极管 LED。

LED 被称为第四代光源，具有节能、环保、安全、寿命长、低功耗、低热、高亮度、防水、微型、防震、易调光、光束集中、维护简便等特点，可以广泛应用于各种指示、显示、装饰、背光源、普通照明等领域。

7. 数码管

数码管，也称作辉光管，如图 1-11 所示，是一种可以显示数字和其他信息的电子设备。玻璃管中包括一个金属丝网制成的阳极和多个阴极。大部分数码管阴极的形状为数字。管中充以低压气体，通常大部分为氖加上一些汞或氩。给某一个阴极充电，数码管就会发出颜色光，颜色视管内的气体而定，一般都是橙色或绿色。

发光二极管

数码管

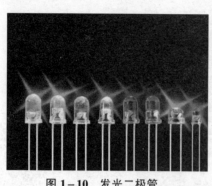
图1-10 发光二极管

图1-11 数码管

（三）任务实施

本书采用的51单片机由两块电路板组成，即核心板和外设板。核心板是单片机的最小系统板，其电路原理将在任务二中详细介绍，核心板负责单片机程序的烧入、执行，包含单片机的主芯片、电源开关、晶振等；外设板则负责单片机程序显示和反馈等，板上包括LED灯、数码管、按钮等元件。

步骤一：认识单片机核心板的元件

51单片机核心板如图1-12所示，它由STC89C52芯片、电阻、晶振、按钮、开关、电源控制接口等元件组成，各部分配置见表1-1。核心板的主要功能是程序烧入、执行、储存等，其中STC芯片提供引脚的信号输出，晶振为芯片提供时钟频率，复位按钮和电解电容组成的电路使得芯片能恢复到初始状态，开关和电源指示灯等负责显示芯片板的上电情况，电源和烧写程序插座（DC3-10P）通过10个引脚与杜邦线连接，由USB转换器连接到电脑，如图1-13所示。

小贴士

STC89C52芯片有三组功能引脚：P1~P3，内含上拉电阻，只有P0引脚外接R_{P1}的排阻，输出高电平。

单片机核心板

图1-12 51单片机核心板

表1-1 51单片机核心板元件

位置	名称	规格或数量
U2	STC89C52芯片	1个
P0、P1、P2、P3、P5、GNG、V_{CC}	插针	50个
R_1	电阻	4.7 kΩ
R_2	电阻	10 kΩ
C_5	电容	0.1 μF
C_6	电容	10 μF
C_7	电容	22 pF
C_8	电容	22 pF
电源指示	发光二极管	1个
R_{P1}	排阻	10 kΩ
复位	按钮	1个
Y1	晶振	11.059 2 Hz
S1	开关	1个
DC3-10P	电源和烧写连接插座	1个

USB转换器

图1-13 USB转换器

步骤二：认识单片机外设板的元件

51单片机外设板如图1-14所示，它由按钮、电阻、发光二极管、数码管、蜂鸣器等元件组成，各部分配置见表1-2。外设板的主要功能是程序的显示和反馈，类似于计算机组成中的输入/输出设备。外设板通过插针、杜邦线与核心板相连。插针位置不同，对应控制的元件不同。P11处的8个插针对应按钮K0~K7，P13处的8个插针对应发光二极管D0~D7，R_{P2}处的插针可控制数码管的显示，BZ控制处的插针控制蜂鸣器声响。此外，外设板有多处插针提供电源输入，如P10、P17、P19等。

51 单片机外设板

图 1-14 51 单片机外设板

表 1-2 51 单片机外设板元件

位置	名称	规格或数量
P10、P11、P12、P13、P17、P19、R_{P2}、R_{P3}、BZ 控制	插针	64 个
K0~K8	按钮	9 个
S1	数码管	1 个
D0~D7	发光二极管	8 个
R_{10}~R_{18}	电阻	10 kΩ，9 个
R_{20}~R_{27}	电阻	300 Ω，8 个
SEG1	数码管	1 个
U12、U13	SN74HC573N	2 个
P17、P19	短路帽	2 个
BZ1	蜂鸣器	1 个
R_{41}	电阻	1 kΩ
Q1	三极管 PNP	1 个

步骤三：连接核心板和外设板

图 1-15 所示是两个核心板与外设板连接并执行程序的例子，图 1-15（a）是核心板控制外设板中数码管显示的"1"，图 1-15（b）是核心板控制外设板发光二极管的亮暗。

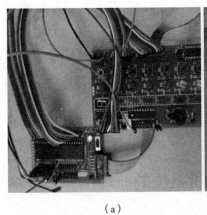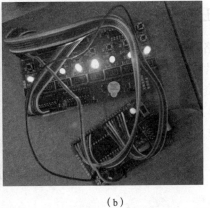

连接核心板和外设板

（a） （b）

图1-15 连接核心板和外设板

（四）任务评价

序号	一级指标	分值	得分	备注
1	认识STC89C52芯片	20		
2	认识电容、电阻	20		
3	认识核心板中的其他元件	20		
4	说出外设板插针与电子元件对应关系	30		
5	正确连接核心板和外设板	10		
	合计	100		

（五）思考练习

1. 本次任务涉及的51单片机由_____和_____组成。
2. STC89C52芯片是一种_____、_____CMOS 8位微控制器，具有_____系统可编程Flash存储器。
3. STC89C52芯片的四组功能引脚分别为_____。
4. 电阻在电路中的主要用途有_____等。
5. 一个四色环电阻显示橙、棕、金、金，阻值为_____。
6. 外设板发光二极管对应插针位置为（　　）。
A. P13　　　　　B. P11　　　　　C. P12　　　　　D. R_{P2}
7. 外设板蜂鸣器对应插针位置为（　　）。
A. P13　　　　　B. P11　　　　　C. BZ　　　　　D. R_{P2}
8. 判断：晶振是核心板必需的元件。
9. 判断：核心板通过DC3-10P端口与电脑连接并烧录程序。
10. 简述一下电阻和电容的区别。

（六）任务拓展

通过网络寻找一些常见的 51 单片机外设，如液晶、LED 点阵、A/D 转换芯片等，了解其功能及单片机是如何控制它们的。

在寻找资料过程中，具体思考：
① 51 单片机芯片各个引脚的功能。
② 51 单片机芯片是如何控制矩阵按钮这一外设的。

任务二　认识单片机系统的原理图

（一）任务描述

电路原理图是学生先修课程"电子电工基础"中的重点内容，本次任务通过对"我的单片机"核心板和外设板电路的介绍，不仅让学生重温了电子元件原理图相关知识，也使学生认识了单片机系统各部分的电路功能。

（二）任务目标

通过本次任务的学习，使学生温习常见电子元件的标识，认识单片机最小系统电路，了解一些外设板元件如数码管、LED、蜂鸣器的电路原理，学生能利用电路辅助设计软件绘制简单的电路原理图。

> 知识准备

1. 原理图

原理图（图 1-16）是用来体现电子电路的工作原理的一种电路图，又被叫作"电原理图"。这种图由于能直接体现电子电路结构的工作原理，所以一般用在电路的设计阶段。

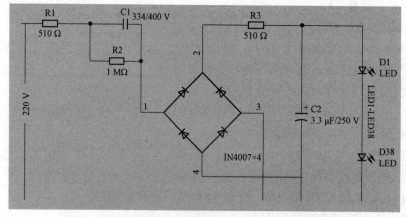

图 1-16　LED 节能灯电路原理图（交流降压转直流）

2. 常用的电子元件符号

绘制电路原理图是学习电子电工相关课程的基础环节，图1-17和图1-18罗列了一些常见的电子元件符号。

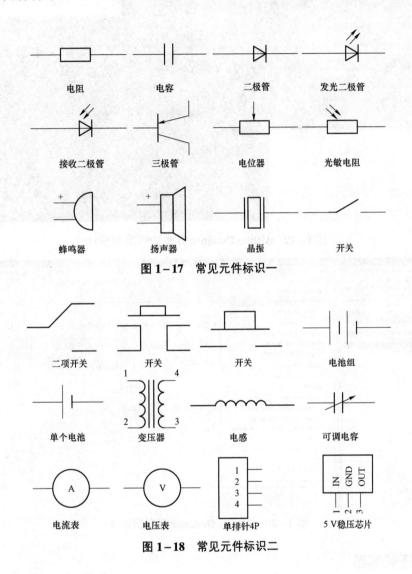

图1-17 常见元件标识一

图1-18 常见元件标识二

3. Altium Designer 软件

Altium Designer（图1-19和图1-20）是原Protel软件开发商Altium公司推出的一体化的电子产品开发系统，主要运行在Windows操作系统。这套软件通过把原理图设计、电路仿真、PCB绘制编辑、拓扑逻辑自动布线、信号完整性分析和设计输出等技术完美融合，为设计者提供了全新的设计解决方案，使设计者可以轻松进行设计。熟练使用这一软件，将使电路设计的质量和效率大大提高。

Altium Designer 界面
及 PCB 板设计

图 1–19　Altium Designer 界面及 PCB 板设计

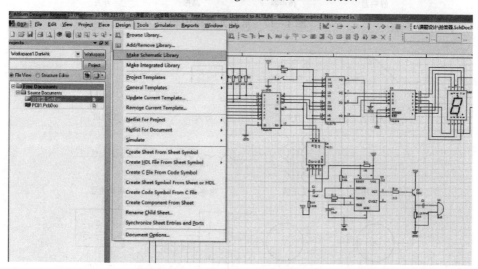

图 1–20　Altium Designer 原理图设计

（三）任务实施

步骤一：认识单片机最小系统电路图

51 单片机核心板原理图如图 1–21 所示，其中 STC89C51 芯片的 4 组 32 个功能引脚（P0～P4）分别与 4 组 8P 的单排针相连，芯片有 2 个引脚接地、1 个引脚连接 V_{CC}；芯片 RST 信号引脚连接到重置电路，重置电路中有 1 个 10 μF 的电容、开关及 10 kΩ 的接地电阻；芯片的 XTAL1、XTAL2 引脚与晶振电路相连，晶振电路包括 2 个 22 pF 的电容及能发出 11.059 2 MHz 机器频率的晶振。

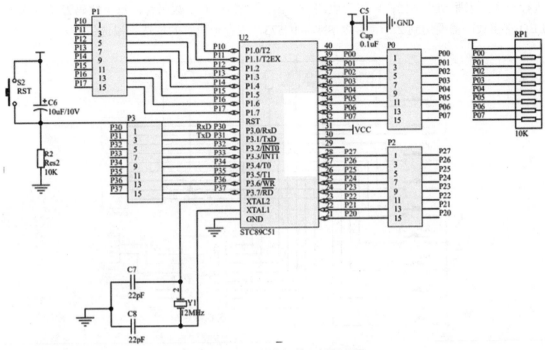

图 1-21 51 单片机核心板原理图

本书使用的核心板电路简化了 STC89C51 芯片 29、30、31 引脚与外部读写相关的功能。另外，芯片的一些引脚有着第二功能，如 RxD、TxD 负责发送/接收串口数据；INT0、INT1 负责单片机的外部中断；T0、T1 是单片机的定时器中断引脚；RD、WR 为读/写引脚等。

步骤二：认识单片机的外设板电路图

51 单片机外设板按电路功能，可分为独立按钮部分原理图（图 1-22）、8 路 LED 灯部分原理图（图 1-23）、蜂鸣器部分原理图（图 1-24）、数码管部分原理图（图 1-25）。按钮功能的实现有两种模式，即中断模式和非中断模式。中断是单片机系统中极其重要的机制，当单片机外部中断源（如按钮）向处理芯片提出中断请求时，芯片会暂停现行程序，进行中断响应和处理，最后再返回到处理的程序中。中断是实现多道程序设计的基础。在非中断模式下，芯片只对按钮操作进行单进程响应，即必须等待先前程序执行完成之后才能响应；在中断模式下，芯片会及时响应每一个按钮操作（以后会以 8 路抢答器为例进行详细介绍），根据按钮原理图，K0~K7 这 8 个按钮通过与非/与门 CD4068B 元件输出中断信号到 P12 引脚，P12 则与 P3.1 或 P3.2（INT0 或 INT1）相连，此时单片机芯片会收到来自 8 个按钮的中断信号。K8 则比较特殊，可单独连接 P3.1 或 P3.2。8 路 LED 灯原理图相对简单，引脚 P13 负责输入芯片的控制信号，连接电源后，利用 300 kΩ 的电阻控制电流来驱动 LED 灯；蜂鸣器电路中引脚 P15 提供芯片的控制信号，通过 1 kΩ 的电阻后，利用 PNP 三极管对电源电流进行放大,来驱动蜂鸣器;数码管电路中,由于要控制 8 个数码管,每个数码管又由 8 个 LED 管组成,需要用到 2 个锁存器 SN74HC573,锁存数码管的位选、段选信号。

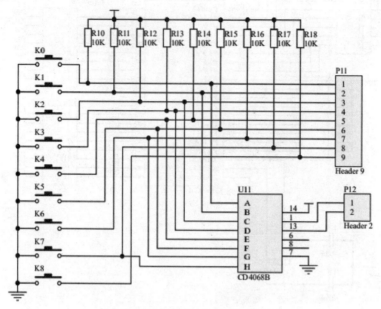

图 1-22 独立按钮原理图

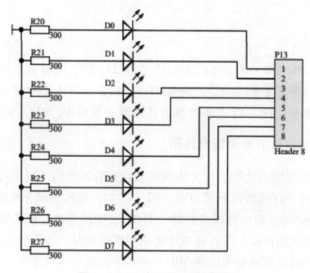

图 1-23 8 路 LED 灯原理图

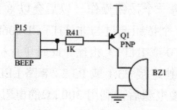

图 1-24 蜂鸣器原理图

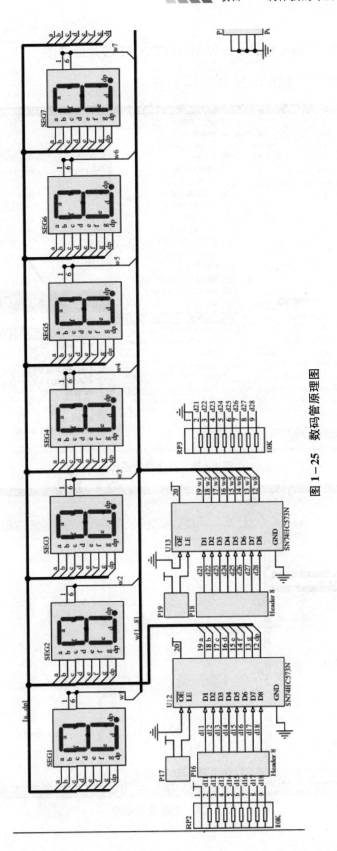

图 1-25 数码管原理图

步骤三：利用 Altium Designer 绘制 STC89C51 芯片原理图

① 创建原理图库，如图 1-26 和图 1-27 所示。

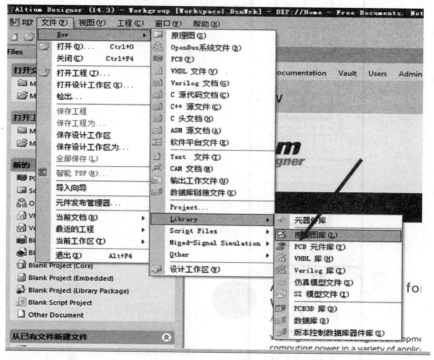

图 1-26　新建原理图库

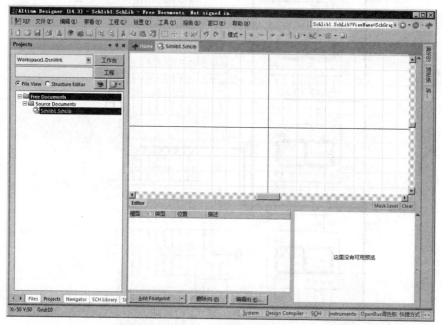

图 1-27　生成原理图库

② 保存原理图库，如图1-28所示。

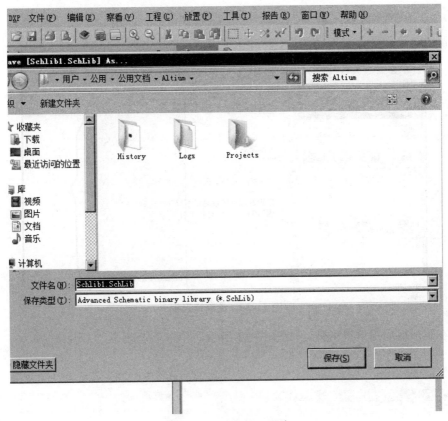

图1-28 保存原理图库

③ 在界面工具栏中选择矩形框，根据STC89C51芯片外观绘制矩形，如图1-29和图1-30所示。

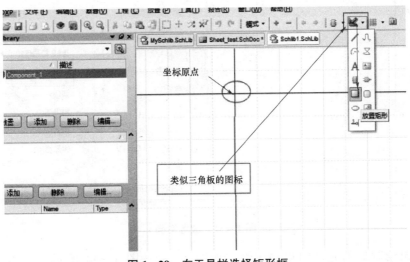

图1-29 在工具栏选择矩形框

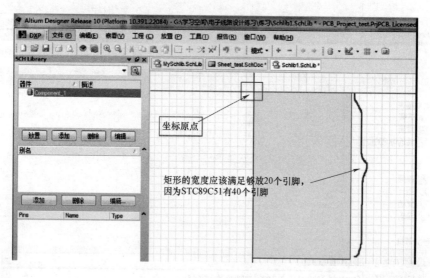

图 1-30 绘制矩形框

④ 在矩形框周围放置引脚，如图 1-31 所示。

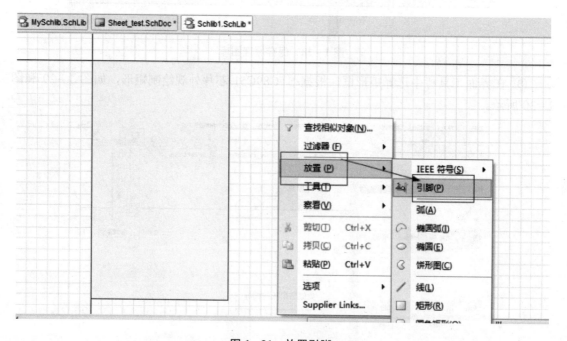

图 1-31 放置引脚

⑤ 编辑绘制后的元件的相关属性，如图 1-32～图 1-34 所示，这里主要是引脚的属性。

图1-32 编辑元件属性

图1-33 单击按钮

元件管脚编辑器

标识	名称	Desc	类型	所有者	展示	数量	名称
4	P1.3		I/O	1	✔	✔	✔
5	P1.4		I/O	1	✔	✔	✔
6	P1.5		I/O	1	✔	✔	✔
7	P1.6		I/O	1	✔	✔	✔
8	P1.7		I/O	1	✔	✔	✔
9	RST		Input	1	✔	✔	✔
10	P3.0/RXD		I/O	1	✔	✔	✔
11	P3.1/TXD		I/O	1	✔	✔	✔
12	P3.2/I\N\T		[illegible]	1	✔	✔	✔
13	P3.3/I\N\T		I/O	1	✔	✔	✔
14	P3.4/T0		I/O	1	✔	✔	✔
15	P3.5/T1		I/O	1	✔	✔	✔
16	P3.6/W\R'		I/O	1	✔	✔	✔
17	P3.7/R\D\		I/O	1	✔	✔	✔
18	XTAL2		Output	1	✔	✔	✔
19	XTAL1		Input	1	✔	✔	✔
20	GND		Power	1	✔	✔	✔
21	P2.0		I/O	1	✔	✔	✔
22	P2.1		I/O	1	✔	✔	✔
23	P2.2		I/O	1	✔	✔	✔
24	P2.3		I/O	1	✔	✔	✔
25	P2.4		I/O	1	✔	✔	✔
26	P2.5		I/O	1	✔	✔	✔
27	P2.6		I/O	1	✔	✔	✔
28	P2.7		I/O	1	✔	✔	✔
29	P\S\E\N\		Output	1	✔	✔	✔
30	P\R\O\G\		Output	1	✔	✔	✔
31	Vpp/E\A\		Input	1	✔	✔	✔
32	P0.7		I/O	1	✔	✔	✔

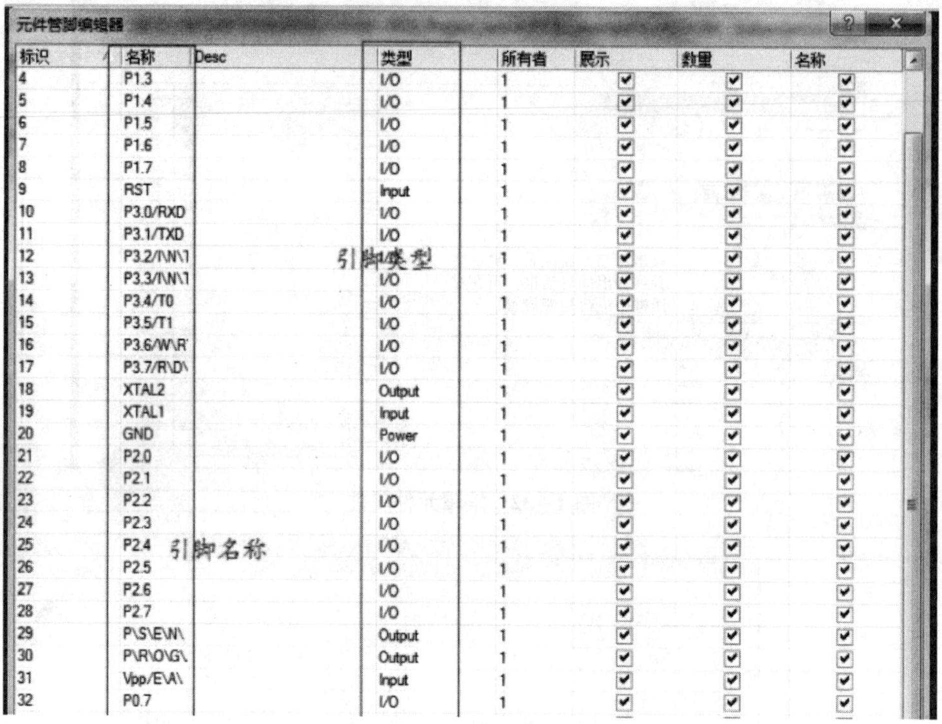

图 1-34　编辑元件的引脚

⑥ 查看并保存 STC89C51 芯片，如图 1-35 和图 1-36 所示。

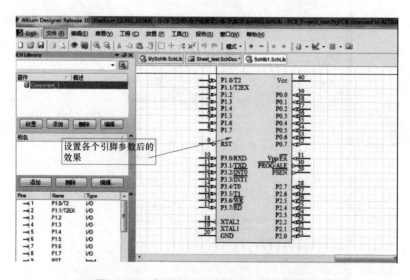

图 1-35　查看编辑过后的 STC89C51 芯片

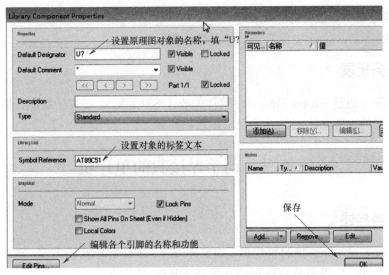

图1-36 保存STC89C51芯片元件

（四）任务评价

序号	一级指标	分值	得分	备注
1	STC89C52芯片各引脚的作用	20		
2	单片机核心板电路组成	20		
3	单片机外设板中按钮电路的原理	20		
4	单片机外设板中LED灯、蜂鸣器、数码管电路的原理	20		
5	利用Altium Designer绘制单片机的原理图	20		
	合计	100		

（五）思考练习

1. 关于STC89C51，以下引脚用于控制外部中断的是（　　）。
A. P1.2　　　　B. P1.5　　　　C. P3.2　　　　D. P3.6
2. 关于STC89C51，以下引脚是芯片的读/写引脚的是（　　）。
A. P1.2　　　　B. P1.7　　　　C. P3.0　　　　D. P3.6
3. 常用的电子元件符号——□——、——▷|——表示 _____、_____。
4. 常用的电子元件符号——||——、——/——表示 _____、_____。
5. Altium Designer这套软件把_____、_____、_____、_____ 和 _____ 等技术完美融合。
6. STC89C51芯片的4组32个功能引脚_____分别与4排8P的单排针相连。
7. 单片机外设板中按钮功能的实现方式有_____和_____。
8. 数码管电路的控制是通过两个_____来实现的。

9. 蜂鸣器电路中三极管的作用是_____。
10. 在 Altium Designer 中保存的设计元件后缀名为_____。

（六）任务拓展

在本次任务中通过 Altium Designer 软件完成了 STC89C51 芯片的绘制，请动手继续完善单片机核心板其他电路的绘制以及外设板电路的绘制。

任务三　动手焊接我的单片机

（一）任务描述

任务一讲解并展示了"我的单片机"的整体外观，本任务从实践出发，动手焊接核心板、外设板的所有元件，为以后单片机程序开发打下基础。

（二）任务目标

通过本次任务的学习，使学生了解基本的焊接规范，掌握单片机核心板和外设板元件焊接的基本技能。

知识准备

1. 焊接工具与材料

电烙铁（图 1-37）一般由紫铜制成，对于有镀层的烙铁头，一般不需要挫或打磨，但在使用一段时间后，会发生表面凹凸不平、氧化层严重的情况，需要夹到台钳上粗挫、细挫并用砂纸打磨，修整后立即镀锡（图 1-38），即将烙铁头通电，在木板上放一些松香和一段锡，烙铁沾锡后，在松香里来回摩擦，直到整个烙铁修整面均匀镀上一层锡。焊锡丝（图 1-39）是铅和锡的合金，它的熔点低、机械强度高、表面张力小，有利于焊接时形成可靠的接头。

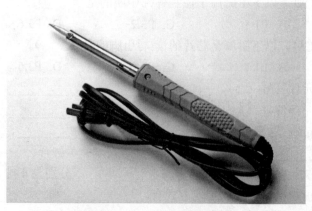

图 1-37　电烙铁的结构

项目一 制作我的单片机——熟悉硬件平台

图1-38 电烙铁镀锡

图1-39 焊锡丝

2. 手工锡焊基本操作

电烙铁有3种拿法（图1-40），焊锡丝一般有2种拿法（图1-41）。

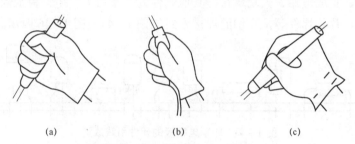

图1-40 电烙铁的3种拿法
（a）反握法；（b）正握法；（c）握笔法

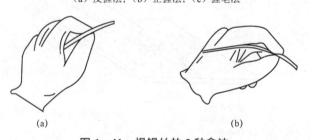

图1-41 焊锡丝的2种拿法
（a）连续锡焊时焊锡丝的拿法；（b）断续锡焊时焊锡丝的拿法

使用电烙铁要配置烙铁架，一般放置在工作台上前方。电烙铁在使用后，一定要稳妥放在烙铁架上，并注意导线等物不要碰烙铁头。

 小贴士

焊锡丝有一定毒性，操作时应戴手套或操作后洗手，鼻子距离电烙铁不能太近，以免吸入有害气体，通常以40 cm为宜。

以下是手工焊接的五步法，如图1-42所示。这里需要注意电烙铁和焊丝的先后顺序，掌握好加热的时间（在保证焊料浸润焊件的前提下，越短越好），保持合适的温度，不要对焊点加力、加热，否则会导致焊件损伤。

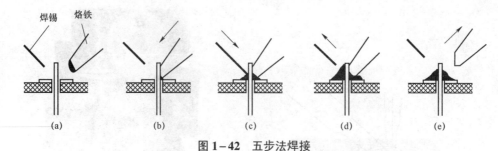

图 1-42 五步法焊接

(a) 准备；(b) 加热；(c) 加焊锡；(d) 去焊锡；(e) 去铬铁

3. 手工焊接技术要点

在焊接印刷电路板时，先对元件进行检查，检查规格和数量，以图 1-43 所示方法对插件元件进行引线成型。根据五步法分别对插件进行焊接，焊接的顺序一般为电阻器、电容器、二极管、三极管、集成电路、大功率管，其他元件为先小后大。电路板上除了插件元件外，还有导线及环形、片状焊件等，它们的焊接方式如图 1-44～图 1-46 所示。

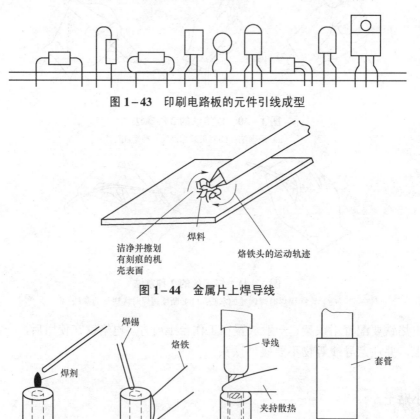

图 1-43 印刷电路板的元件引线成型

图 1-44 金属片上焊导线

图 1-45 环形焊件的焊接

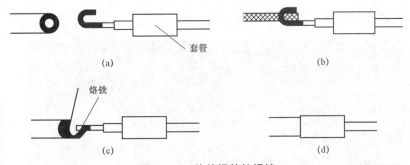

图 1-46 片状焊件的焊接

(a) 焊件预焊；(b) 导线钩接；(c) 烙铁点焊；(d) 热套绝缘

（三）任务实施

步骤一：焊接核心板元件

① 焊接电容和晶振，如图 1-47 和图 1-48 所示。

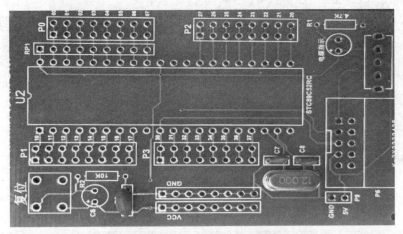

焊接电容和晶振（1）

图 1-47 焊接电容和晶振（1）

焊接电容和晶振（2）

图 1-48 焊接电容和晶振（2）

② 焊接主芯片和电阻，如图 1-49 和图 1-50 所示。

焊接主芯片和电阻（1）

图 1-49　焊接主芯片和电阻（1）

焊接主芯片和电阻（2）

图 1-50　焊接主芯片和电阻（2）

③ 焊接插针和排阻，如图 1-51~图 1-53 所示。

焊接插针和排阻（1）

图 1-51　焊接插针和排阻（1）

焊接插针和排阻（2）

图1-52 焊接插针和排阻（2）

焊接插针和排阻（3）

图1-53 焊接插针和排阻（3）

④ 焊接其他元件，如图1-54所示。

焊接其他元件

图1-54 焊接其他元件

⑤ 测试核心板，如图1-55所示。

图1-55 测试核心板

步骤二：焊接外设板元件

① 焊接电阻和按钮，如图1-56所示。

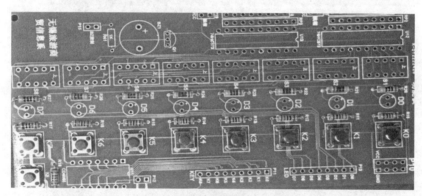

图1-56 焊接电阻和按钮

② 焊接芯片，如图1-57所示。

图1-57 焊接芯片

③ 焊接蜂鸣器和三极管，如图1-58所示。

焊接蜂鸣器和三极管

图1-58 焊接蜂鸣器和三极管

④ 焊接插针和发光二极管，如图1-59和图1-60所示。

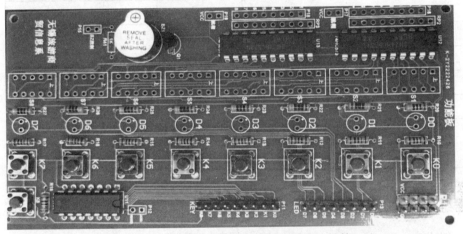

焊接插针和发光二极管（1）

图1-59 焊接插针和发光二极管（1）

焊接插针和发光二极管（2）

图1-60 焊接插针和发光二极管（2）

⑤ 焊接数码管，如图1-61所示。

焊接数码管

图 1-61 焊接数码管

（四）任务评价

序号	一级指标	分值	得分	备注
1	焊接的工具和材料	10		
2	焊接的技术要求	20		
3	核心板的焊接	30		
4	外设板的焊接	30		
5	核心板的测试	10		
	合计	100		

（五）思考练习

1. 电烙铁一般由_____制成，对于有镀层的烙铁头，一般不需要挫或打磨。

2. 焊锡丝是铅和锡的合金，它的熔点低、_____、_____，有利于焊接形成可靠的接头。

3. 电烙铁有 3 种拿法，分别为_____、_____、_____。

4. 手工焊接的五步法为_____、_____、_____、_____、_____。

5. 焊接的顺序一般为_____、_____、二极管、_____、_____、大功率管，其他元器件为先小后大。

6. 在焊接核心板 STC89C52 芯片时，应注意什么？

（六）任务拓展

本任务通过观察开关 LED 灯是否正常工作来判断核心板焊接后是否可用的，试想一下这种方法有没有什么局限性。此外，对外设板焊接后的测试有没有方法可以实现？

项目二 让我的单片机亮起来
——掌握 C51 软件、掌握 C 语言基础

一、项目简介

让"我的单片机"亮起来是本项目的目标,也是通过编程控制单片机外设板的第一步,本项目首先介绍单片机编程开发工具 Keil μVision,然后介绍本书的重点——C 语言的编程基础,再利用烧写器把程序加载到单片机中,最终实现单片机外设板 LED 灯全亮。

二、项目目标

本项目以让"我的单片机"亮起来为例,重点学习 Keil μVision 软件的安装、工程文件的创建、编译并编写我的第一个 C 程序,最后把程序烧入单片机,使得外设板 LED 灯亮起。

C 语言是本书的核心,通过本项目的实施,学生应掌握 C 语言的数据类型、常量和变量、赋值等基本内容。

三、工作任务

根据让"我的单片机"亮起来的项目要求,基于工作过程,以任务驱动的方式,先将项目分成以下三个任务:
① 认识 Keil μVision 软件。
② 编写我的第一个 C 语言程序。
③ 烧录程序,点亮单片机的 LED 灯。

任务一 认识 Keil μVision 软件

(一)任务描述

本任务是认识单片机 C 语言开发软件 Keil μVision,让学生熟悉 Keil μVision 软件的安装、软件中各模块功能的使用。

(二)任务目标

通过本任务的学习,使学生掌握 Keil μVision 软件的安装过程,掌握在 Keil μVision 中创建工程、编辑和编译程序的过程,熟悉 Keil μVision 软件中各功能模块的使用。

知识准备

1. Keil C51 的介绍

Keil C51（图2-1）是美国 Keil Software 公司出品的 51 系列兼容单片机 C 语言软件开发系统，与汇编相比，C 语言在功能结构、可读性、可维护性上有明显的优势，因而易学易用。Keil 提供了包括 C 编译器、宏汇编、链接器、库管理和一个功能强大的仿真调试器等在内的完整开发方案，通过一个集成开发环境（μVision）将这些部分组合在一起。

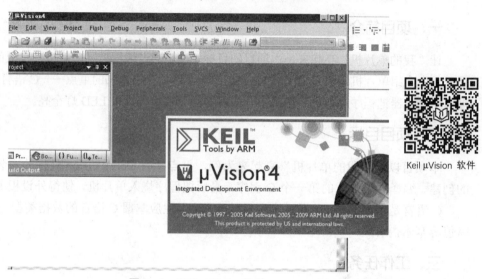

图 2-1　Keil μVision 软件

2. Keil 的版本

Keil 版本至今已有多代，如图2-2所示。Keil μVision2 是美国 Keil Software 公司出品的 51 系列兼容单片机 C 语言软件开发系统，使用接近于传统 C 语言的语法来开发。与汇编相比，C 语言易学易用，并且大大提高了工作效率和项目开发周期，它还能嵌入汇编，可以在关键的位置嵌入，使程序达到接近于汇编的工作效率。Keil C51 标准 C 编译器为 8051 微控制器的软件开发提供了 C 语言环境，同时保留了汇编代码高效、快速的特点。C51 编译器的功能不断增强，使用户可以更加贴近 CPU 本身，以及其他的衍生产品。C51 已被完全集成到 μVision2 的集成开发环境中，这个集成开发环境包含编译器、汇编器、实时操作系统、项目管理器、调试器。μVision2 IDE 可为它们提供单一而灵活的开发环境。

2006 年 1 月 30 日，ARM 推出全新的针对各种嵌入式处理器的软件开发工具，集成 Keil μVision3 的 RealView MDK 开发环境。RealView MDK 开发工具 Keil μVision3 源自 Keil 公司。RealView MDK 集成了业内领先的技术，包括 Keil μVision3 集成开发环境与 RealView 编译器。支持 ARM7、ARM9 和最新的 Cortex-M3 核处理器，自动配置启动代码，集成 Flash 烧写模块，具有强大的 Simulation 设备模拟、性能分析等功能。与 ARM 之前的工具包 ADS 等相比，RealView 编译器的最新版本可将性能改善超过 20%。

图 2-2 Keil 的版本

2009 年 2 月，发布 Keil μVision4。Keil μVision4 引入灵活的窗口管理系统，使开发人员能够使用多台监视器，并提供对窗口位置视觉的完全控制。新的用户界面可以更好地利用屏幕空间和更有效地组织多个窗口，提供一个整洁、高效的环境来开发应用程序。新版本支持更多最新的 ARM 芯片，还添加了一些其他新功能。

2011 年 3 月，ARM 公司发布最新集成开发环境 RealView MDK，开发工具中集成了最新版本的 Keil μVision4，其编译器、调试工具实现与 ARM 器件的最完美匹配。

2013 年 10 月，Keil 正式发布了 Keil μVision5 IDE。

3. Keil 的优点

Keil C51 生成目标代码的效率非常高，多数语句生成的汇编代码很紧凑，容易理解。在开发大型软件时，更能体现高级语言的优势。与汇编相比，C 语言在功能结构、可读性、可维护性上有明显的优势，因而易学易用。

（三）任务实施

步骤一：安装 Keil μVision 软件

这里以 Keil μVision4 为例进行软件的安装。

① 双击事先下载的安装包中的"C51V900.exe"，弹出如图 2-3 所示的对话框，单击"Next"按钮。

② 在安装界面上的"I agree to all the terms of the preceding License Agreement"选项前打"√"，表示同意，如图 2-4 所示，单击"Next"按钮。

③ 选择安装路径，一般使用默认路径"C:\Keil"，如图 2-5 所示，单击"Next"按钮。

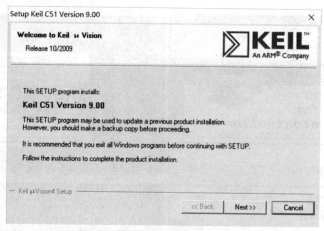

图 2-3　Keil μVision4 安装的欢迎界面

图 2-4　Keil μVision4 同意许可界面

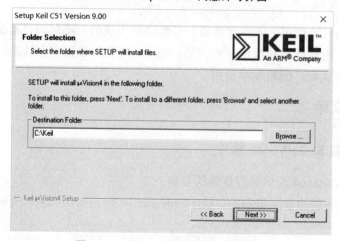

图 2-5　Keil μVision4 安装路径选择

④ 输入相应的用户名、公司名称、邮箱地址等（可以输入任意内容，不需要真实的姓名、邮箱），如图 2-6 所示，单击"Next"按钮。

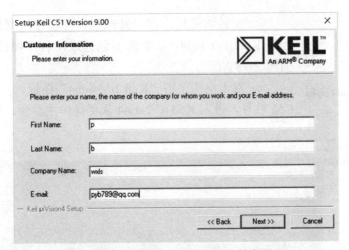

图 2-6 Keil μVision4 安装用户信息界面

⑤ 图 2-7 所示是安装进度显示界面，待安装结束后，单击 "Next" 按钮。

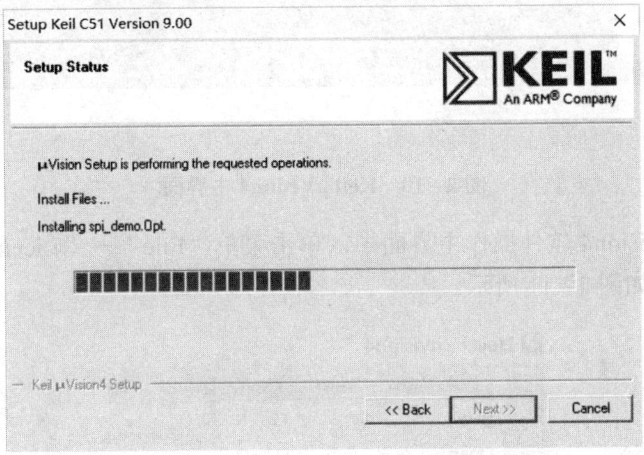

图 2-7 Keil μVision4 安装进度

⑥ 在图 2-8 所示的完成安装界面上，单击 "Finish" 按钮完成安装。

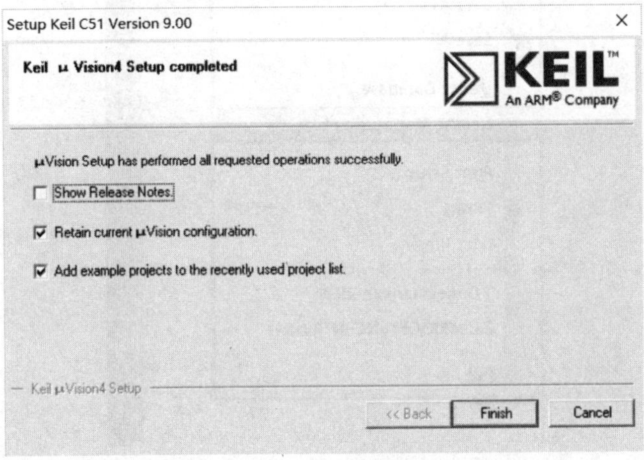

图 2-8 Keil μVision4 安装完成

⑦ 安装结束后，在"开始"→"程序"菜单中增加了应用程序 Keil μVision4，在桌面上创建应用程序图标 Keil μVision4，如图 2-9 所示。

图 2-9　Keil μVision4 图标

⑧ 双击桌面上的"Keil μVision4"图标，打开安装好的 Keil C51 软件，进入 Keil μVision4 软件操作主界面，如图 2-10 所示。

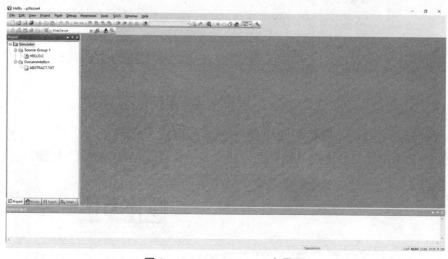

图 2-10　Keil μVision4 主界面

⑨ 在 Keil μVision4 软件操作主界面中，单击菜单"File"→"License Management"，进行许可证管理，如图 2-11 所示。

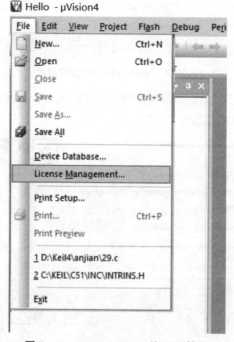

图 2-11　Keil μVision4 许可证管理

⑩ 在软件许可证管理对话框中，如图 2-12 所示，选择单用户许可选项。正版软件都有注册号，将正版软件的注册号输入"New License ID Code"后的框中。之后单击"Add LIC"按钮。在"Support Period"中出现有效的使用日期，在最下方的文本框中出现"LIC Added Sucessfully"等信息，表示注册号添加成功。单击"Close"按钮，完成 Keil C51 软件的安装过程。

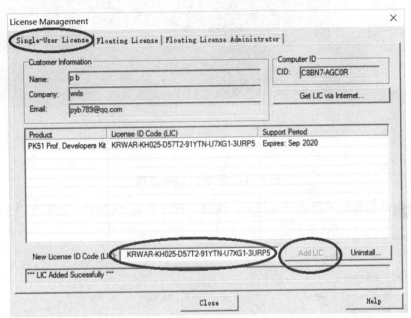

图 2-12 输入许可

步骤二：Keil μVision4 创建工程与 C 程序编译

Keil μVision4 安装好之后，需进行工程文件的创建、C 程序的编译。

① 启动进入 Keil μVision4 软件的操作界面，如图 2-13 所示。

图 2-13 Keil μVision4 操作界面

② 选择"工程"→"新建μVision 工程…"菜单项，如图 2-14 所示。

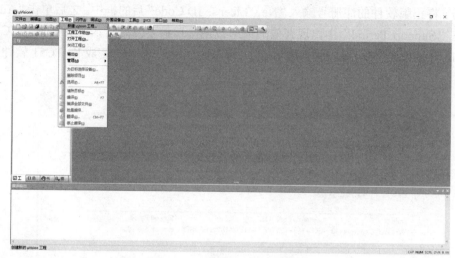

图 2-14　新建 μVision 工程

③ 在弹出的创建新工程的对话框中，选择目标文件夹"LED"，如图 2-15 所示。

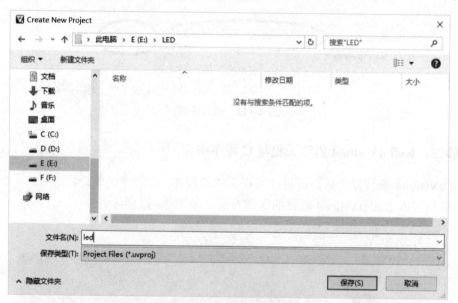

图 2-15　保存工程文件

④ 新建工程文件后，弹出"选择一个 CPU 数据的参考文件"对话框，如图 2-16 所示。在下拉框中选择"STC MCU Database"选项，单击"确定"按钮。

⑤ 在"目标 1 选择设备"对话框中，如图 2-17 所示，在"资料库目录"下单击"STC"前面的"+"号，展开 STC 公司所有系列的单片机型号，选择"STC89C52RC"项，如图 2-18 所示，再单击"确定"按钮。

图 2-16 选择 CPU 参考文件

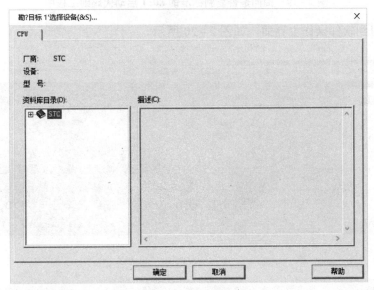

图 2-17 选择设备

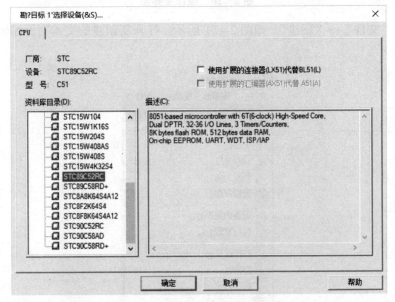

图 2-18 选择"STC89C52RC"

⑥ 询问是否将标准 8051 相关启动代码复制到刚刚创建的工程中，如图 2-19 所示，单击"是"按钮。

图 2-19 询问是否复制标准的 8051 启动代码到工程中

⑦ 再次回到软件操作主界面,如图 2-20 所示。

图 2-20 操作主界面

⑧ 选择"文件"→"新建",如图 2-21 所示。打开新创建的文本文件编辑框"Text1",如图 2-22 所示。

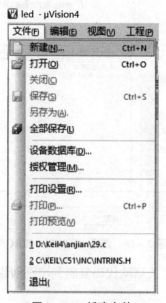

图 2-21 新建文件

项目二　让我的单片机亮起来——掌握C51软件、掌握C语言基础

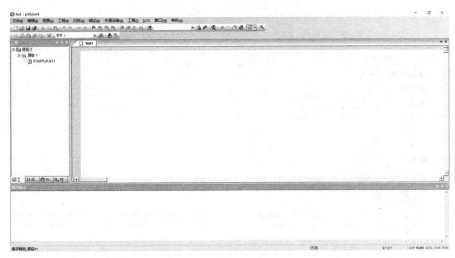

图2-22　新建文件界面

⑨ 在操作主界面上单击"文件"→"另存为",在弹出的"另存为"对话框(图2-23)中输入要保存的C语言源程序文件名,选择保存路径,保存文件,如图2-24所示。注意:输入C语言源程序文件名时,一定要带上扩展名.c。

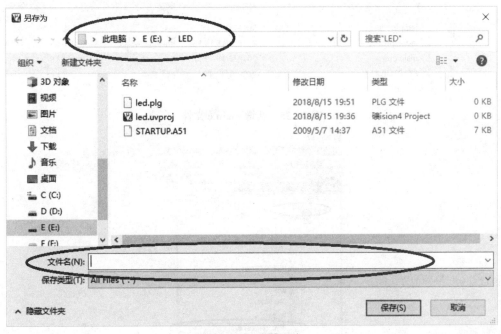

图2-23　文件另存

⑩ 文件已保存好,在目标工程文件夹LED中出现了main.c文件,如图2-25所示。但是该文件还没有添加到工程中。在Keil主界面的左侧"工程"窗口中,在"目标1"下的"源组1"上右击,在弹出的快捷菜单中,选择"添加文件到组'源组1'…"选项,如图2-26所示。选择要添加到工程的文件,如图2-27所示,例如选择"main.c",单击"添加"按钮,把main.c文件添加到工程中,再单击"关闭"按钮,关闭该对话框。

图 2-24 选择保存类型

图 2-25 新增 main.c 文件

图 2-26 添加文件

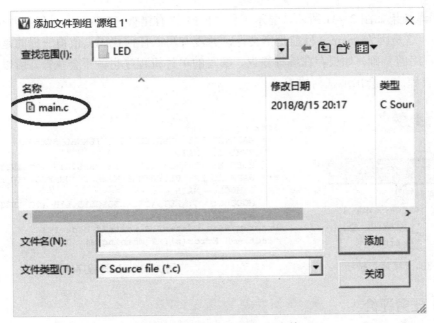

图 2-27 选择"main.c"文件

⑪ 在"工程"窗口中出现刚刚添加的 C 语言源程序文件 main.c，如图 2-28 所示。此项必须正确完成，否则，所写的工程文件不能进行正确的编译。如果出现多余的文件，右击多余文件的文件名，在弹出的快捷菜单中选择"删除"。

⑫ 程序输入结束后，进行编译。在操作主界面的菜单中，单击"工程"→"编译"菜单项，对编辑的程序进行编译，如图 2-29 所示，也可以单击图 2-30 所示的按钮进行编译。

图 2-28 工程界面

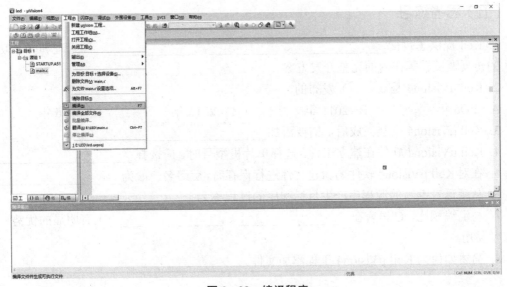

图 2-29 编译程序

⑬ 编译结果如图 2-31 所示，显示工程"led"没有错误（0 Errors），但有两个警告（2 Warnings），这是因为 main.c 目前是空文件，并没有写入任何代码。值得一提的是，编译程序是执行程序的基础，如果存在编译错误，编写的单片机程序也就不会执行，所以要保证书写的 C 语言程序不会出现任何错误。

图 2-30 "编译"按钮

```
linking...
*** WARNING L1: UNRESOLVED EXTERNAL SYMBOL
        SYMBOL:  MAIN
        MODULE:  C:\KEIL\C51\LIB\C51S.LIB (?C_INIT)
*** WARNING L2: REFERENCE MADE TO UNRESOLVED EXTERNAL
        SYMBOL:  MAIN
        MODULE:  C:\KEIL\C51\LIB\C51S.LIB (?C_INIT)
        ADDRESS: 080DH
Program Size: data=9.0 xdata=0 code=144
"led" - 0 Error(s), 2 Warning(s).
```

图 2-31 编译程序结果

（四）任务评价

序号	一级指标	分值	得分	备注
1	Keil C51 的功能	20		
2	Keil C51 的版本	20		
3	Keil μVision 的安装	20		
4	Keil μVision 工程创建	30		
5	Keil μVision 中 C 语言文件的编译	10		
	合计	100		

（五）思考练习

1. Keil 提供了包括_____、_____、_____、库管理和一个功能强大的仿真调试器等在内的完整开发方案。

2. Keil μVision4 是（　　）发布的。
A. 2006 年　　　　B. 2011 年　　　　C. 2013 年　　　　D. 2016 年

3. Keil μVision4 安装完成后，需要添加_____。

4. Keil μVision4 软件在建立工程，选择单片机型号时，应选择_____。

5. 在对 Keil μVision4 软件的新建文件进行保存时，后缀名一般为_____。

6. 从源语言编写的源程序产生目标程序的过程称为_____。

7. 与汇编相比，C 语言在_____、_____、_____、_____上有明显的优势，因而易学易用。

8. 简述如何为 Keil μVision4 工程添加文件。

（六）任务拓展

本任务提到了两种计算机开发语言——C语言和汇编语言，请通过查询资料了解这两种语言的特点，并以复制操作为例（把一个变量中的值赋给另外一个变量）寻找相关代码。

任务二 编写"我的第一个C语言程序"

（一）任务描述

利用C语言程序控制外设板的相关设备是本书的核心，本任务通过编写"我的第一个C程序"使学生对C语言程序有初步认识，通过学习一些重要概念和编程规范，为以后C语言的进一步学习打下基础。

（二）任务目标

通过本任务的学习，使学生理解C语言中标识符、关键字、常量变量等重要概念，掌握C语言在Keil软件中的编写规范，熟练编写控制单片机外设板LED灯闪烁的程序。

知识准备

1. C语言和C51语言简介

C语言是一门面向过程、抽象化的通用程序设计语言，广泛应用于底层开发。C语言能以简易的方式编译、处理低级存储器。单片机C51语言是由C语言继承而来的，和C语言不同的是，C51语言运行于单片机平台，C51语言具有C语言结构清晰的优点，便于学习。单片机C51语言提供了完备的数据类型、运算符及函数供使用。C51语言是一种结构化程序设计语言，可以使用一对花括号"{}"将一系列语句组合成一个复合语句，程序结构清晰明了。C51语言代码执行的效率方面十分接近汇编语言，并且比汇编语言的程序易于理解，便于代码共享。

2. C语言的标识符和关键字

在C语言中，用于标识名字的有效字符序列称为标识符。标识符包括变量名、符号常量名、函数名、数组名、类型名、给类型起的"绰号"等。为程序中的元素命名的其他名字，如a、i、x等，称为用户标识符。用户标识符的命名遵守以下规则：

① 只能有英文字母、数字、下划线三种符号；
② 字母区分大小写——大、小写英文字母表示不同的含义；
③ 首字符不能为数字；
④ 标识符不能使用关键字。

例如C语言标识符可以是abc、abc123、ABc，但不能是123abc。

在C语言中，有一些词语被"注册"了"商标"，称为关键字，也称保留字。由于关键字的词语已被系统"注册"了特殊用途,在为程序中的各种元素命名时,不能使用这些关键字,否则就是"侵权",程序编译时会报错,编译不通过。

C 语言中的系统函数名,如:sin,求正弦的函数名;sqrt,求算术平方根的函数名。这些虽然不属于关键字,但是称为预定义标识符。

用预定义标识符为元素命名,语法上是可以的,但是为了避免误解,尽量不要这样做。C 语言关键字见表 2-1,在 C51 中添加了表 2-2 所示的关键字。

表 2-1 C 语言关键字

auto	break	case	char	const	continue
default	do	double	else	enum	extern
float	for	goto	if	int	long
register	return	short	signed	sizeof	static
struct	switch	typedef	union	unsigned	void
volatile	while				

表 2-2 C51 中添加的关键字

bit	sbit	sfr	sfr16	data
bdata	idata	pdata	xdata	code
interrupt	reentrant	using		

3. C 语言的常量与变量

在程序运行过程中,值不能改变的量称为常量;相反地,在程序运行过程中,值可以改变的量称为变量。

直观地,直接写在程序中的数据值,就是常量。

例如,a=10;中,10 就是常量。

还有一种常量是用符号代替的,称为符号常量。

符号常量需要用#define 命令定义,如:

#define PI 3.14

表示定义 PI 是 3.14 的代替符号,PI 是 3.14 的代号,PI 就是 3.14。3.14 是常量,故 PI 也是常量。

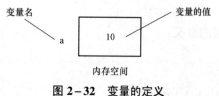

图 2-32 变量的定义

变量类似于生活中存放物品的盒子,如图 2-32 所示,用于保存数据。其中,盒子的名字为变量名;盒子里面的内容为变量的值。

在程序中,变量实际代表的是计算机内存中的一块存储空间,存储空间的名称就是变量名,其中存储的内容就是变量的值。

如：
```
int a;
a = 10;
```
表示定义了一个变量 a，然后将 10 放入变量 a 中保存。

在 C 语言中，变量必须先定义数据类型，然后才能使用。就像盒子必须先准备好，才能用来储物。

4. C 语言的数据类型

C 语言中，变量在使用之前必须先定义其数据类型。

例如：
```
int chengji;//定义一个整型变量 chengji
char LED;//定义一个字符型变量 LED
```

每个数据类型在计算机内存开辟的内存空间不同。

C 语言提供的数据类型如图 2-33 所示，Keil C51 编译器支持的数据类型见表 2-3。

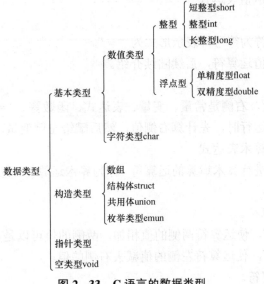

图 2-33 C 语言的数据类型

表 2-3 C51 中的数据类型

类型符	类型名称	长度/bit	长度/B	数值范围
bit	位型	1		0，1
char	有符号字符型	8	1	−128～127
unsigned char	无符号字符型	8	1	0～255
int	有符号整型	16	2	−32 768～32 767
unsigned int	无符号整型	16	2	0～65 535

续表

类型符	类型名称	长度/bit	长度/B	数值范围
short	有符号短整型	16	2	$-32\,768 \sim 32\,767$
unsigned short	无符号短整型	16	2	$0 \sim 65\,535$
long	有符号长整型	32	4	$-2^{16} \sim 2^{16}$
unsigned long	无符号长整型	32	4	$0 \sim 2^{32}$
float	单精度浮点型	32	4	$\pm 1.176 \times 10^{-38} \sim \pm 3.40 \times 10^{38}$（6位数字）
double	双精度浮点型	64	8	$\pm 1.176 \times 10^{-38} \sim \pm 3.40 \times 10^{38}$（10位数字）

5. C 语言的运算符和表达式

运算符和表达式是学习程序设计语言的基础，C 语言中的运算符表达式如下：

（1）赋值运算符和赋值表达式

① 赋值运算符。

C 语言的赋值运算符为等号，表示形式为"="。

此外，还有复合赋值运算符，后续陆续介绍。

② 赋值表达式。

"="的左侧是变量，右侧是常量、变量、表达式、函数等。"="的含义是将右边的值赋给左侧的变量。程序运行时，先计算右侧值，然后赋给左侧变量。

（2）算术运算符和算术表达式

对计算机中的数据进行算术运算的运算符，称为算术运算符，包括数学中学到的加、减、乘、除和一些扩展。

① 加法和减法运算符。

加法运算符为"+"，使运算符两侧的值相加，两侧的值可以是变量、常量和表达式等。

减法运算符为"−"，使运算符左侧的值减去右侧的值。

② 乘法和除法运算符。

乘法运算符为"*"，使运算符两侧的值相乘。

除法运算符为"/"，使运算符两侧的值相除。"/"左侧的值是被除数，右侧的值是除数。

③ 求模运算符。

求模运算符为"%"，求出左侧整数除以右侧整数的余数。

上面的运算符为二元运算符。所谓二元运算符，即运算符两边有两个操作数。

④ 符号运算符。

"+"（正号）不改变操作数的值及符号，"−"（负号）可用于得到一个数的相反数。

⑤ 自增和自减运算符。

自增运算符为"++"，自减运算符为"−−"。

自增运算符使运算对象递增 1，有两种形式：运算符在变量的左侧，称为前缀模式；运算符在变量的右侧，称为后缀模式。

前缀形式指变量的值加 1 作为表达式的值，同时变量的值加 1；后缀形式指将变量的值作为表达式的值，然后变量值加 1。

符号运算符、自增和自减运算符为一元运算符。

⑥ 复合赋值运算符。

复合赋值运算符有 +=、-=、*=、/=、%=。

例如，x+=y+1 等同 x=x+(y+1)。

注意：右侧表达式为一个整体。

⑦ 括号（）。

与数学上的括号一样，能改变运算的顺序。

⑧ 算术表达式。

使用算术运算符将运算对象连接起来、符合 C 语言语法规则的式子。

（3）关系运算符和关系表达式

程序设计中需要经常对运算对象之间的大小进行比较，使用的运算符称为关系运算符，用关系运算符将数值或表达式连接起来的式子就是关系表达式。满足关系表达式运算符关系的结果称为"真"，否则为假。

常用的关系运算符见表 2-4。

表 2-4 关系运算符

关系运算符	含义
>	大于
>=	大于等于
<	小于
<=	小于等于
==	等于
!=	不等于

（4）逻辑运算符和逻辑表达式

有时多个关系表达式组合起来更有用，这时需用逻辑运算符（表 2-5）将关系表达式连接起来。用逻辑运算符连接运算对象而组成的表达式就是逻辑表达式。逻辑表达式运算结果：

a&&b，只有 a 和 b 都是真时，表达式结果才为真；有一个为假，则表达式结果为假。

a||b，a 或 b 有一个为真，表达式结果为真；a 和 b 都为假，表达式结果为假。

!a，a 为真时，表达式结果为假；a 为假时，表达式结果为真。

表 2-5 逻辑运算符

运算符	含义
&&	逻辑与
||	逻辑或
!	逻辑非（单目运算符）

(5) 条件运算符和条件表达式

条件运算符是 C 语言中唯一的三目运算符,它需要 3 个操作数,条件表达式为:

表达式 1?表达式 2:表达式 3

? 称为条件运算符。

执行情况:

先计算表达式 1 的值,若为真,则整个表达式的值为表达式 2 的值,否则,为表达式 3 的值。

当有多个条件表达式组成复合条件表达式时,运算顺序是从右向左。

例如,a>b?a:c>d?c:d 相当于 a>b?a:(c>d?c:d)。

(6) 逗号运算符和逗号表达式

逗号运算符是特殊的运算符,将两个表达式连接起来,一般形式:

表达式 1,表达式 2

执行情况:先求解表达式 1,再求解表达式 2,最后的结果是表达式 2 的值。

6. 十六进制

① 十六进制数由 16 个数码符号构成:0、1、2、…、9、A、B、C、D、E、F,其中 A、B、C、D、E、F 分别代表十进制数的 10、11、12、13、14、15,基数是 16。

② 进位规则是"逢十六进一"。一般在数的后面加字母 H 表示这个数是十六进制数。

对于任意的 4 位十六进制数,可以写成如下形式:

$H_3H_2H_1H_0 = H_3 \times 2^3 + H_2 \times 2^2 + H_1 \times 2^1 + H_0 \times 2^0$

例如,(2FCB) H $= 2 \times 16^3 + 15 \times 16^2 + 12 \times 16^1 + 11 \times 16^0 =$ (12235) D。

十进制、二进制、十六进制见表 2-6。

表 2-6 十进制、二进制、十六进制

十进制数(D)	二进制数(B)	十六进制数(H)	十六进制 C 语言表示方法
0	0000	0	0x00
1	0001	1	0x01
2	0010	2	0x02
3	0011	3	0x03
4	0100	4	0x04
5	0101	5	0x05
6	0110	6	0x06
7	0111	7	0x07
8	1000	8	0x08
9	1001	9	0x09
10	1010	A	0x0a
11	1011	B	0x0b
12	1100	C	0x0c
13	1101	D	0x0d
14	1110	E	0x0e
15	1111	F	0x0f

（三）任务实施

步骤一：编写 C 语言程序

打开上个任务 LED 工程，并打开 main.c，输入如下代码：

```c
#include "reg52.h"
void main(void)
{
    While(1)
    {
        P0 = 0x00;
    }
}
```

此时会发现这段 C 程序中有些部分，字体颜色略有不同，如图 2-34 所示，这是 Keil 软件有关代码规范的帮助信息。代码中#include "reg52.h"表示此程序是利用了 STC89C52 芯片对应的特殊功能寄存器头文件，在此头文件中记录着 STC89C52 芯片各个功能引脚地址和范围，比如 sfr P0 = 0x80，sfr P1 = 0x90，sfr P3 = 0xA0 等；void main(void){}中的 main 是 C 语言的主函数，即程序运行第一个执行的函数，两个 void 表示函数在执行中不输入值，也不返回值；while(1){}是 C 语言的循环语句，后续课程会详细讲述，它表示程序一直运行下去；P0 = 0x00 表示给单片机 P0 引脚输入 0x00 信号。

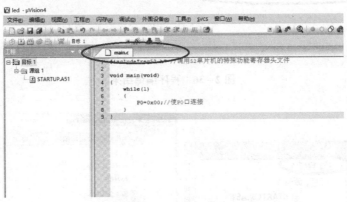

图 2-34 编写代码

小贴士

STC89C52 功能引脚 P0 由 P0.0～P0.7 这 8 个引脚组成。根据电路原理，引脚有两种状态：高电平（1）和低电平（0），而对 P0 输入 0x00（十六进制数）时，每一位数转成四个二进制数，如图 2-35 所示，结果为 00000000，即 P0.0～P0.7 这 8 个引脚都为低电平。

总之，这段代码的作用就是让单片机芯片 P0 引脚持续处于低电平。

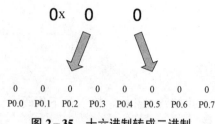

图 2-35　十六进制转成二进制

步骤二：生成 HEX 执行文件

程序编写完毕后，根据任务一所学的内容可对程序进行编译，结果如图 2-36 所示，此时程序没有出现错误和警告。

在让单片机烧录并执行我们编译的程序之前，需要将 C 程序转化成 HEX 可执行文件。在"工程"窗口中，右键单击"目标 1"，在弹出的快捷菜单中单击第一项"为目标'目标 1'设置选项…"，如图 2-37 所示，弹出"为目标'目标 1'设置选项"对话框。对"输出"选项卡进行设置，勾选在"产生 HEX 文件"选项，如图 2-38 所示，此时返回主界面重新编译程序，查找工程文件存放的目录，会发现多出一个以.hex 为后缀名的文件，如图 2-39 所示。

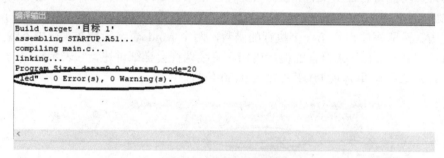

图 2-36　程序编译结果

图 2-37　工程目标的设置选项

项目二 让我的单片机亮起来——掌握 C51 软件、掌握 C 语言基础

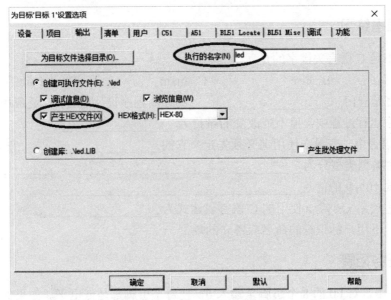

图 2-38 勾选"产生 HEX 文件"

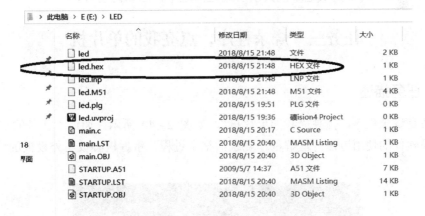

图 2-39 工程文件存放目录

（四）任务评价

序号	一级指标	分值	得分	备注
1	C 语言与 C51 的特点	10		
2	C 语言中标识符的规则	20		
3	C 语言中常量和变量的概念	20		
4	C 语言中表达式和运算符的概念	20		
5	C 语言控制单片机引脚的程序	30		
	合计	100		

（五）思考练习

1. 以下不是 C 语言关键字的是（　　）。
   A. if　　　　　　B. else　　　　　　C. main　　　　　　D. default
2. C 语言是一门_____、_____的通用程序设计语言，广泛应用于底层开发。
3. 在程序运行过程中，值不能改变的量称为_____。
4. 在 C 语言中，变量在使用前必须先定义它的_____，然后才能使用。
5. C 语言数据类型分为_____、_____、_____、_____。
6. 表达式 10!=9 的值是_____。
7. 为表达关系 x≥y≥z 使用的 C 语言表达式为_____。
8. 简述一下用户标识符的命名应遵守的规则。

（六）任务拓展

在本任务中，对 P0 的 8 个引脚全输入 0，使每个引脚都是低电平。如果使 P0 引脚中的 P0.0、P0.2、P0.4、P0.6 是低电平，其余引脚是高电平，应如何输入？

任务三　烧录程序，点亮我的单片机

（一）任务描述

本任务是烧录程序，点亮"我的单片机"，如图 2-40 所示。通过本任务的实施，使学生掌握烧录软件的使用方法，理解程序烧录的整个过程，掌握核心板与外设板的连接方法。

点亮单片机外设板
LED 灯

图 2-40　点亮单片机外设板 LED 灯

（二）任务目标

通过本任务的学习，使学生理解烧写器的作用，掌握 STC 烧写软件的使用方法，能利用杜邦线正确连接核心板和外设板。

知识准备

51 单片机程序的烧录是单片机程序开发的最后一步，需要用到烧写器和烧录软件。

1. 烧写器

烧写器是单片机核心板与电脑的连接设备，负责程序烧录，如图 2-41 所示。连接方式如图 2-42 所示，与电脑连接的是 USB 口，连接核心板的是串口，在烧写器连接核心板串口的杜邦线中，通常有 4 根引线与芯片的 4 个引脚相连。原理如图 2-43 所示，其中烧写器的 V_{CC} 连接单片机的 V_{CC}，烧写器的 GND 连接单片机的 GND，烧写器的 RXD 连接单片机的 TXD，烧写器的 TXD 连接单片机的 RXD。

图 2-41　51 单片机烧写器

51 单片机烧写器

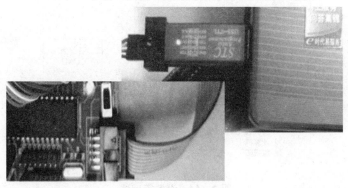

图 2-42　烧写器的连接

烧写器的连接

小贴士

烧写器连接电脑后，需要安装 USB 驱动，继而在电脑的"设备管理器"中会弹出对应的端口，如图 2-44 所示。

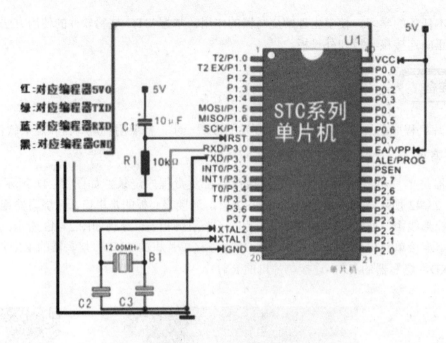

图 2-43 烧写器的原理图

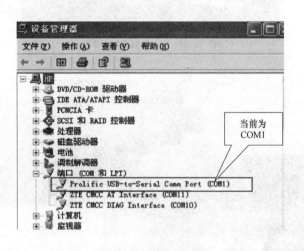

图 2-44 设备管理器

2. 烧录软件

烧录软件是把预先生成的 HEX、BIN 等文件烧录到单片机芯片的软件中。烧录软件有多种类型（图 2-45）烧录软件，本教材使用的是 STP-ISP 烧录软件。

项目二 让我的单片机亮起来——掌握C51软件、掌握C语言基础

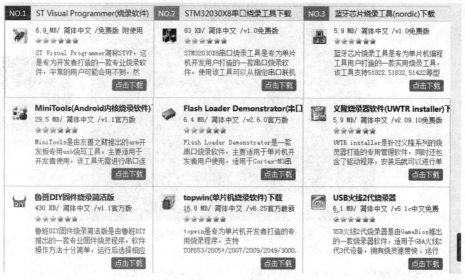

图2-45 烧录软件

（三）任务实施

步骤一：连接单片机核心板与外设板

根据任务二中的程序"P0＝0x00"把STC芯片P0中的8个功能引脚置于低电平，根据项目一任务二中的LED原理图（图2-46），在用杜邦线连接核心板和外设板时，让核心板P0与外设板P13相连，再使用杜邦线连接核心板和外设板的V_{CC}，如图2-47所示，此时由于外设板P13处是低电平，电流从高电平流到低电平，LED灯发光。

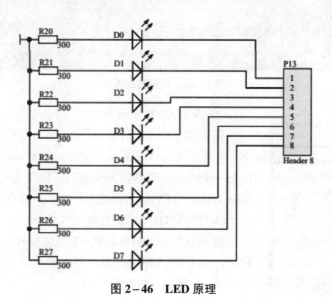

图2-46 LED原理

连接核心板和外设板

图 2-47　连接核心板和外设板

步骤二：烧录程序，点亮我的单片机

以下将任务二中生成的 HEX 文件烧录到单片机芯片中。

① 将烧录器一端连接电脑，另一端连接单片机核心板的串口，如图 2-48 所示（这里烧录器除了烧录，还有供电的功能）。

烧录器的连接

图 2-48　烧录器的连接

② 查看 USB 下载端口。

在桌面上右击"计算机"，选择"管理"项，如图 2-49 所示，打开"设备管理器"，如图 2-50 所示，查看 USB 下载端口 USB-SERIAL-CH340（COM7），如图 2-51 所示，每个人的电脑上显示的 COM 号可能不一样，只要有该项，都是正确的。

③ 打开 STC V6.82E 烧录软件。

烧录软件在 D:\单片机\STC 烧写软件文件夹下，打开过程中，如果弹出升级提醒，关闭即可。

④ 选择单片机型号。

如图 2-52 所示，在"单片机型号"下拉框中选择 STC89C51 系列中的 STC89C52。

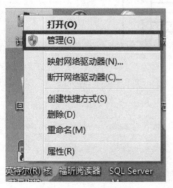

图 2-49　计算机管理

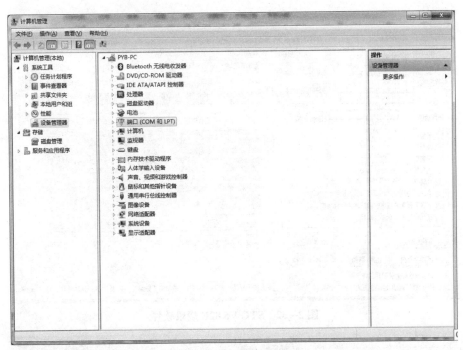

图 2–50　打开设备管理器

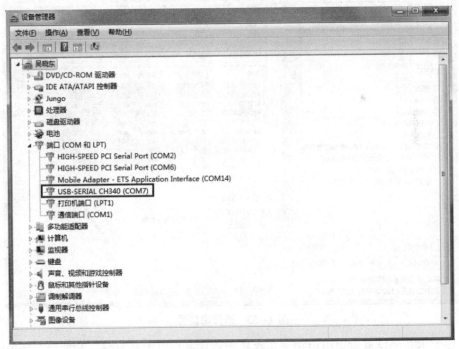

图 2–51　查看端口

⑤ 选择串口号，如图 2–53 所示。

⑥ 打开任务二中生成的程序文件，如图 2–54 所示，单击"打开程序文件"按键，在"打开程序代码文件"窗口找到 D:\Keil\led 文件夹下的 led.hex 文件，单击"打开"按钮，打开程序文件，单击"下载/编程"按钮。

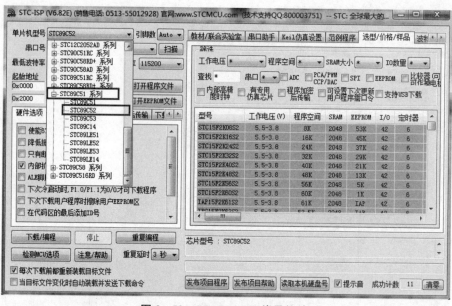

图 2–52 STC V6.82E 烧录软件

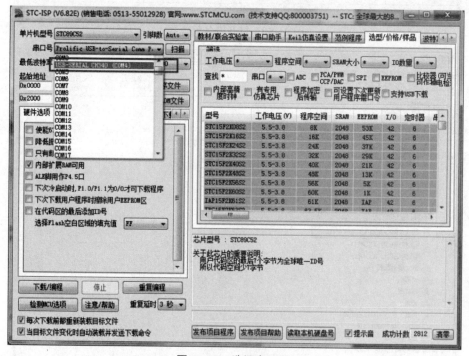

图 2–53 选择串口号

⑦ 当右下角的进度窗口中出现"正在检测目标单片机"信息时，如图 2–55 所示，按下电源按键，如图 2–56 所示，给开发板"上电"。

⑧ 当右下角的进度窗口中出现"操作成功！"信息时，如图 2–57 所示，说明程序烧写成功了。单片机开始工作了，LED 被点亮了。

项目二 让我的单片机亮起来——掌握C51软件、掌握C语言基础

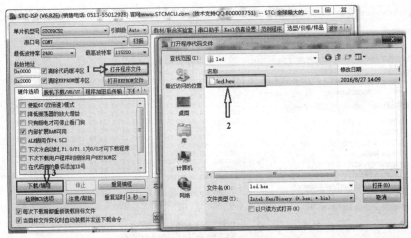

图2-54 打开程序文件

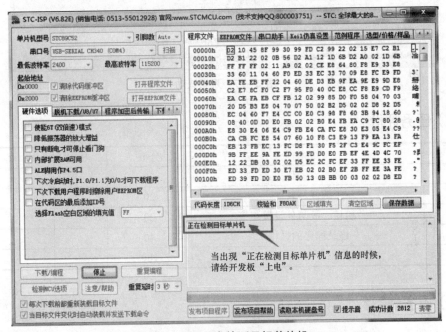

图2-55 正在检测目标单片机

单片机核心板
电源按键

图2-56 单片机核心板电源按键

61

图 2-57 烧录成功

（四）任务评价

序号	一级指标	分值	得分	备注
1	烧写器的作用	20		
2	了解烧写软件	20		
3	单片机核心板与外设板连接	20		
4	烧录程序的过程	40		
	合计	100		

（五）思考练习

1. 烧写器是单片机_____的连接设备，负责程序的烧录。

2. 以下烧写器与芯片引脚的连接关系中，错误的是（　　）。

A. vcc-vcc　　　　B. gnd-gnd　　　　C. txd-txd　　　　D. rxd-txd

3. 烧写器连接电脑后，需要_____，继而在电脑的"设备管理器"窗口中会弹出对应的端口。

4. P0=0x00 的作用是_____。

5. 在使用 STC V6.82E 烧录软件烧录程序时，选择单片机的型号为_____。

（六）任务拓展

本次任务通过硬件连接、烧录程序让单片机亮起来，请思考如果在连接设备时连接的是芯片其他功能端口，能否使单片机亮起来？

项目三　让我的单片机动起来
——顺序结构

一、项目简介

让我的单片机"动起来"就是让单片机外设板 LED 灯以"走马灯"的方式运动起来，通过编程控制走马灯的方向和速度，从而提高程序的趣味性。

二、项目目标

本项目以让我的单片机动起来为例，使学生理解 C 语言的基本语句结构，熟悉 Diagram Designer 软件绘制程序流程图的基本步骤，掌握单向"走马灯"程序的编写过程，理解"走马灯"程序中语句的顺序结构。

三、工作任务

根据项目目标，基于工作过程，以任务驱动的方式，先将项目分成以下三个任务：
① 学习 C 语言语句结构。
② 学会使用 Diagram Designer 软件绘制流程图。
③ 编写程序让单片机 LED 灯动起来。

任务一　认识 C 语言语句结构

（一）任务描述

从结构化程序设计角度出发，程序有三种结构：顺序结构、选择结构、循环结构，如何用 C 语言的代码实现这三种结构，继而完成较为复杂的编程是本任务所要讨论的内容。

（二）任务目标

本任务是认识 C 语言的三种基本语句结构。通过学习，学生能理解顺序、选择、循环这三种结构的区别，掌握 if、else、switch、case、for、while 等关键字的使用方法，会编写简单的嵌套结构的程序。

知识准备

1. C 语言的集成开发环境

大多数人学习 C 语言都会选择集成开发环境（IDE）进行练习，例如前文提到的 Keil 软件。使用集成开发环境的目的是缩短、简化 C 语言学习的时间与流程，降低代码管理难度、学习成本，使用集成开发环境，也可以更加方便地对代码进行调试、对项目进行管理。这里总结几种集成开发环境。

（1）VS/Eclipse 系列

Visual Studio（图 3-1）是绝大多数学习、使用 C 语言的人员使用的 IDE，软件功能强大、调试方便；Eclipse（图 3-2）也是 C 语言开发的主流 IDE，不仅跨平台（Windows、Linux、Mac），而且插件多、灵活，应用 Eclipse 的 IT 企业也是数不胜数，这得益于 IBM 公司将 Eclipse 开源的结果。使用 Eclipse 开发，无论是将来转 Java 也好，还是用 Python 也好，都无须再花费切换平台（操作系统）、开发环境（IDE）的成本了，但由于该系列软件过于"臃肿"，从而使速度比较慢，并且占用空间大，同时 VS 还是收费的，因此很多 C 语言开发者都会转向别的开发环境。

图 3-1 Visual Studio

图 3-2 Eclipse

（2）GCC 系列

如图 3-3 所示，这是很多内核、驱动（Linux 方向）学习的首选，相当多的 C 语言开发人员在达到一定程度以后，都会转向使用 GCC 软件。这是因为该方式简单、灵活、高效，不仅可以高效率控制编译器对源代码的"加工"过程，而且生成的可执行代码运行效率也足够高效。GCC 系列分为两个平台：Linux 下 GCC 和 Windows 下 GCC 的移植版 Cygwin、MinGW、Djgpp。如果学习安全、嵌入式、驱动开发工程师的课程，可以选择 Linux 下 GCC 方式进行开发。另外，由于 Mac 系统是类 UNIX 内核，所以 GCC 也是支持的。

（3）CB/CL 等系列

Windows 平台下，相当多的开发人员会转而使用 CodeBlocks、CodeLite、C-Free（图 3-4）等"轻量级"IDE。这些 IDE 比较小众，但是麻雀虽小，却五脏俱全，它们对 C 语言的支持（主要看编译器，IDE 只是代码编辑器、工程管理器），一点不亚于 GCC、VS/Eclipse 系列。但由于略显"小众"，遇到问题解决起来比较耗时，配置起来也略微烦琐。

图3-3 GCC编译器

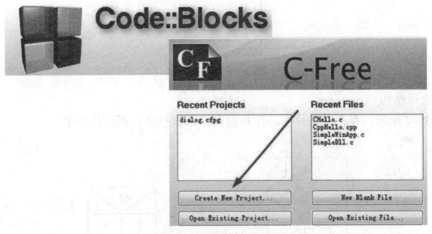

图3-4 "轻量级"IDE

本任务采用的Dev-C++编译器(图3-5)是一个Windows环境下的适合初学者使用的轻量级C/C++集成开发环境(IDE)。

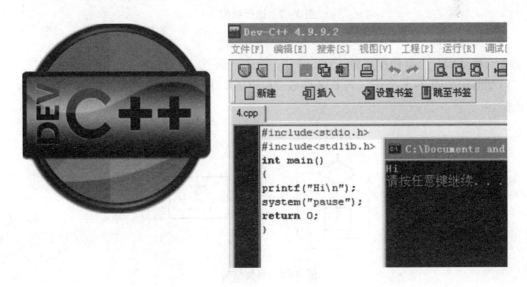

图3-5 Dev-C++编辑器

2. 语言程序的基本结构

从结构化程序设计角度出发，程序只有三种结构：顺序结构、选择结构、循环结构。

（1）顺序结构

如图 3-6 所示，先执行 A，再执行 B。

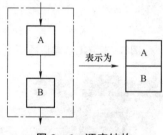

图 3-6 顺序结构

（2）选择结构

如图 3-7 所示，存在某条件 P，若 P 为真，则执行 A，否则执行 B。

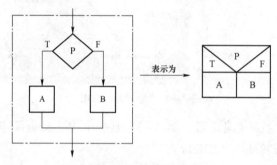

图 3-7 选择结构

（3）循环结构

有两种结构：当型和直到型。

当型结构如图 3-8 所示，当 P 条件成立时（T），反复执行 A，直到 P 为"假"时，才停止循环。

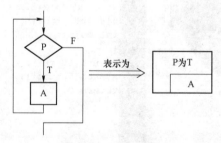

图 3-8 当型结构

直到型如图 3-9 所示，先执行 A，再判断 P，若为 F，再执行 A，直到 P 判断为 T 才停止循环。

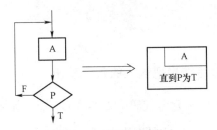

图 3-9 直到型结构

3. C 语句

C 语句可分为五大类。

（1）表达式语句

表达式语句由表达式加上分号";"组成。其一般形式为：

表达式;

执行表达式语句就是计算表达式的值，例如：

c=a+a;

（2）函数调用语句

由函数名、实际参数加上分号";"组成。其一般形式为：

函数名(实际参数表);

例如：

printf("Hello !");

（3）控制语句（改变语句的执行顺序）

```
if() ~ else ~      (条件)
switch             (多分支选择)
for()~             (循环)
while()~           (循环)
do ~ while         (循环)
```

（4）复合语句（语句体）

用{ }括起来的一系列语句。

例如：

```
{   z=x+y;
    T=z/100;
    printf("%f",t);
}
```

（5）空语句

只有分号";"组成的语句称为空语句。空语句是什么也不执行的语句。在程序中空语句可用来作空循环体。例如：

while(getchar()!='\n');

（三）任务实施

步骤一：利用 C 语言顺序结构把输入的数字输出

打开 Dev-C++，在软件中新建源代码（图 3-10），输入如图 3-11 所示代码，单击"运行"→"编译"，如图 3-12 所示，最后单击"运行"按钮，结果如图 3-13 所示。

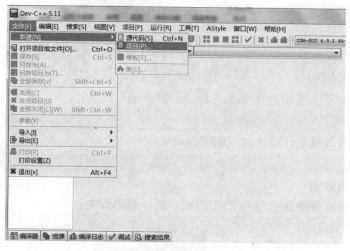

图 3-10　新建项目

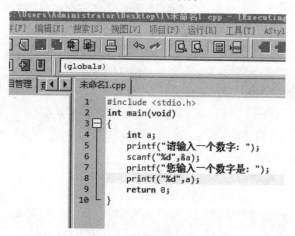

图 3-11　顺序结构代码

 小贴士

\<stdio.h\>是 C 语言输入输出的头文件，int main(void){return 0}是主函数的固定写法，在函数体中首先定义了数值变量 a，printf 函数输出提示信息"请输入一个数字："，然后利用 scanf 函数给变量 a 赋值，printf 函数输出提示信息"您输入一个数字是："，最后 printf 函数将变量 a 的值输出，整个程序是顺序结构。

项目三 让我的单片机动起来——顺序结构

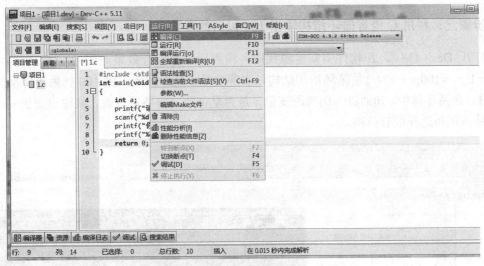

图 3-12 运行程序

图 3-13 运行程序结果

步骤二：利用 C 语言选择结构对输入的数字判断奇偶性

打开 Dev-C++，在软件中新建源代码，输入的代码及运行效果如图 3-14 所示，其中 if(a%2==0) 是判断输入的变量 a 是否为偶数，如果是，就说这个数是偶数，否则是奇数，整个程序是选择结构。

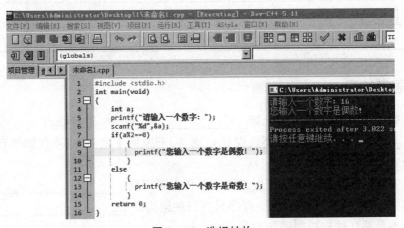

图 3-14 选择结构

步骤三：利用 C 语言循环结构输出 100 以内的奇数

打开 Dev-C++，在软件中新建源代码，输入代码及运行效果如图 3-15 所示，其中 for(a=1;a<=100;a++){ }是循环语句结构，表明变量 a 从 1 开始，到 100 结束，每次循环 a 自加 1，在循环体中，if(a%2!=0)判断变量 a 是否是奇数，如果是奇数，就输出变量 a。整个程序是循环和选择嵌套结构。

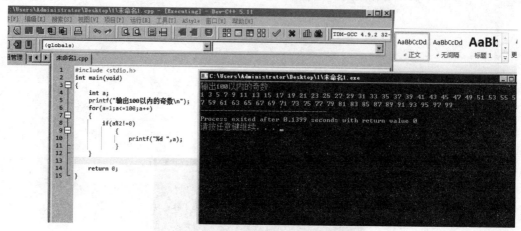

图 3-15 循环与选择结构嵌套

（四）任务评价

序号	一级指标	分值	得分	备注
1	C 语言的集成开发环境	20		
2	顺序语句	20		
3	选择语句	20		
4	循环语句	20		
5	选择、循环结构的嵌套	20		
	合计	100		

（五）思考练习

1. 大多数人学习 C 语言都会选择_____进行练习。
2. _____是 C 语言（不仅仅是 C 语言）开发的主流 IDE，不仅跨平台（Windows、Linux、Mac），而且插件多、使用灵活。
3. 学习安全、嵌入式、驱动开发工程师课程需要用到_____。
4. 从结构化程序设计角度出发，程序只有三种结构：_____。
5. 以下不是循环结构控制语句的是（　　）。
   A. for　　　　B. while　　　　C. do while　　　　D. goto

6.
```
#include <stdio.h>
int main(void)
 { float x=4.0 ,y;
  if(x<0.0) y=0.0;
  else if (x<10.0) y=1.0/x;
  else  y=1.0;
  printf("%f\n",y);
  return 0;
}
```
该程序的输出结果是（   ）。
A. 0.0   B. 0.25   C. 0.5   D. 1.0

7. 若 N 为整型变量，则 for(N=10;N=0;N--)循环里的循环体被（   ）。
A. 无限循环   B. 执行 10 次   C. 执行一次   D. 一次也不执行

8.
```
int main（void)
 {
   int i;
   for(i=0;i<10;i++);
   printf ("%d",i);
}
```
运行结果为（   ）。
A. 0   B. 123456789   C. 0123456789   D. 10

9.
```
int main(void)
 {
   int x=1,a=0,b=0;
   switch(x)
   {
     case 0: b++;
     case 1: a++;
     case 2: a++;b++;
   }
   printf("a=%d,b=%d\n",a,b);
}
```
运行结果为（   ）。
A. a=2，b=1   B. a=1，b=1   C. a=1，b=0   D. a=2，b=2

10. 编写 C 语言程序，输出如图 3-16 所示图形。

图 3-16 习题 10 图

（六）任务拓展

在本任务中，利用 for 循环语句和 if 选择语句的嵌套完成了 100 以内的奇数的判断，请查阅资料试着完成 100 以内质数（即除了 1 和它本身以外，不再有其他因数）的输出。

任务二　Diagram Designer 绘制流程图

（一）任务描述

绘制程序流程图是编写程序的基础，本任务主要以"走马灯"程序为例，介绍如何利用 Diagram Designer 软件绘制程序流程图。

（二）任务目标

通过学习，学生能理解程序流程图的作用，掌握 Diagram Designer 软件的使用方法，理解"走马灯"程序的结构。

知识准备

1. 程序流程图

程序流程图又称程序框图，是用统一规定的标准符号描述程序运行具体步骤的图形表示。流程图采用简单规范的符号，画法简单；结构清晰，逻辑性强；便于描述，容易理解。图 3-17 所示是程序框图的相关符号，其中箭头表示的是控制流，矩形表示的是加工步骤，菱形表示逻辑条件。程序流程图是进行程序设计的最基本依据，因此它的质量直接关系到程序设计的质量。

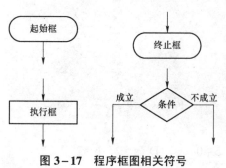

图 3-17　程序框图相关符号

2. Diagram Designer

Diagram Designer（图 3-18）是一款轻量级的 ER 图绘制工具，它能通过矢量图方式绘制各类图标，可定制样本和调色板，支持压缩文件格式。

图 3–18　Diagram Designer

（三）任务实施

步骤一：认识 Diagram Designer 软件

安装 Diagram Designer 时可选择简体中文，如图 3–19 所示。

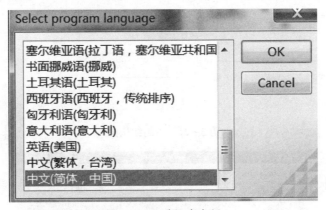

图 3–19　选择中文版

打开软件，如图 3–20 所示，右侧有模板，可以直接将想要的图案拖进来进行修改，也可以直接画出自己想要的图形。一些简单的形状可以调整大小，但对于复杂的形状，其大小不能变动。

在画好基本图形之后，如图 3–21 所示，双击可以添加文字（图 3–22），字体的格式及颜色设置如图 3–23 和图 3–24 所示。

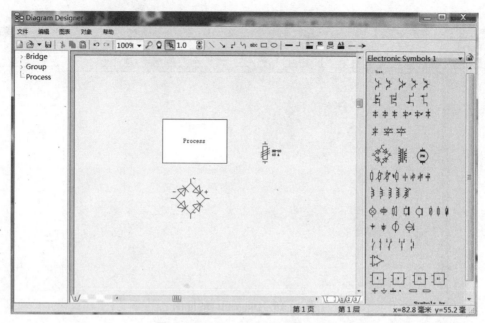

图 3-20 Diagram Designer 界面

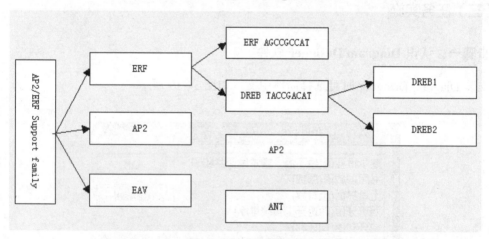

图 3-21 绘制结构图

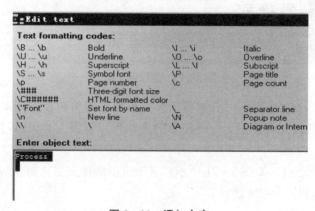

图 3-22 添加文字

项目三 让我的单片机动起来——顺序结构

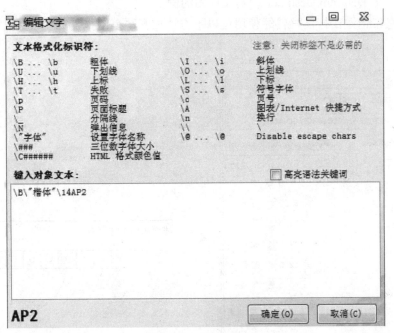

图 3-23 字体设置

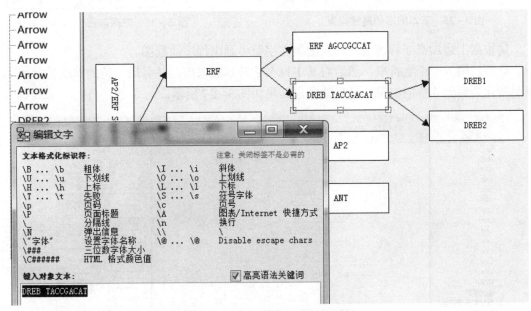

图 3-24 字体颜色（红色）设置

小贴士

Diagram Designer 设置颜色时，需要一定的格式和比照颜色表。

另外，基本图形也可以通过右击，选择"属性"，在"属性"窗口（图3-25）中进行修改。以下举一个 Diagram Designer 绘制流程图的例子。

古罗马皇帝恺撒在打仗时曾经使用过以下方法加密军事情报，如图3-26所示。

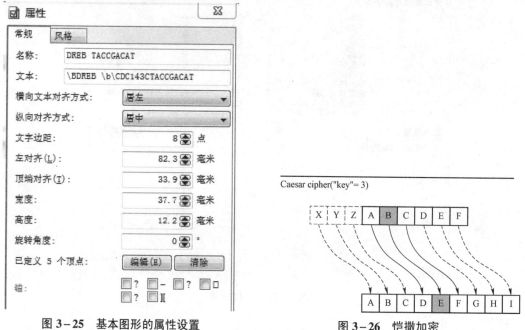

图3-25　基本图形的属性设置　　　　图3-26　恺撒加密

请根据上述加密或解密用户输入的英文字符串画出程序流程图。

分析：输入一个字符串，然后将其中每个字符单独取出，并且用字符的算法进行加3，强制转化为后面3位的字符，最后的输出结果如图3-27所示。

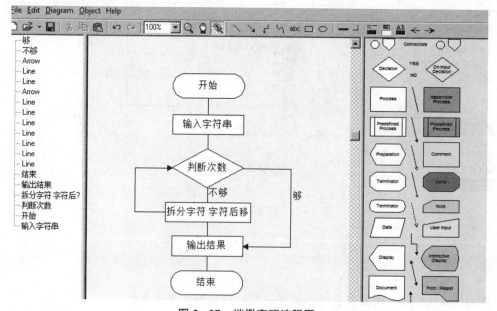

图3-27　恺撒密码流程图

小贴士

在 Diagram Designer 中添加文字时,也可采用工具栏上的 abc 控件进行设置。

步骤二:利用 Diagram Designer 制作"走马灯"的流程图

如图 3-28 所示,单片机外设板"走马灯"就是让外设板上的灯依次亮过,产生"动起来"的效果。根据这个效果,利用 Diagram Designer 软件绘制流程图,如图 3-29 所示,其中 D0~D7 表示外设板的 8 盏 LED 灯,while(1) 是让程序不断地循环,当后一盏灯亮起时,前一盏灯熄灭的同时延时 1 s。显然,在 while(1){}里的程序是一种顺序结构。

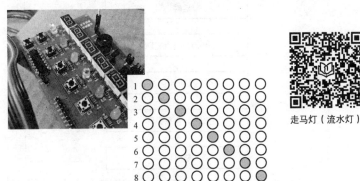

图 3-28 走马灯

走马灯(流水灯)

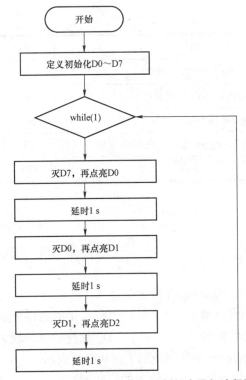

图 3-29 Diagram Designer 绘制的走马灯流程图

图 3-29 Diagram Designer 绘制的走马灯流程图（续）

（四）任务评价

序号	一级指标	分值	得分	备注
1	程序流程图的作用	20		
2	程序流程图的相关符号	20		
3	Diagram Designer 绘制流程图	30		
4	Diagram Designer 绘制走马灯流程图	30		
	合计	100		

（五）思考练习

1. 程序流程图又称为_____，是用统一规定的_____具体步骤的图形表示。

2. 下列不是 Diagram Designer 软件特色的是（　　）。
A. 简单易用的矢量图编辑器　　　　B. 可定制的样板及调色板
C. 支持使用压缩的文件格式　　　　D. 软件的容量较大，拥有的资源多

3. 在设置 Diagram Designer 字体颜色时，#000000 表示_____。

4. 如果要设置文字加粗效果，应该输入的格式为_____。

5. 恺撒密码中，tuivojuuu 加密为_____。
6. 绘制流程图，实现输入一个数，判断这个数的奇偶性。
7. 绘制流程图，实现输出 1～100 中的质数。

（六）任务拓展

本任务的主要内容是利用 Diagram Designer 软件绘制"走马灯"的流程图，如果要在此流程图中添加一个开启和关闭"走马灯"的按钮功能，应该如何绘制流程图呢？

任务三　编写程序，让单片机动起来

（一）任务描述

本任务是编写程序，让单片机"动起来"，如图 3–30 所示。单片机外设板 8 盏 LED 灯依次亮过，形成"走马灯"。

让单片机"动起来"

图 3–30　让单片机"动起来"

（二）任务目标

通过本任务的学习，使学生理解延时函数在单片机"走马灯"程序中的作用，熟练掌握"走马灯"程序的两种写法，尝试编写"双向走马灯""流水灯"等程序。

知识准备

1. 单片机的延时

单片机延时的编程是单片机程序中经常会遇到的问题，如走马灯程序，在后一盏灯亮起、前一盏灯熄灭之间会延时一会。在 C 语言中，对延时的处理有四种方法，如图 3–31 所示。

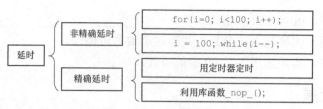

图 3-31 延时的方法

其中，for 语句和 while 语句都可以通过改变 i 的范围值来改变延时时间，但对于这种软件延时的方法，延时时间会根据硬件及程序优化的不同而不同。定时器延时是一种精准的延时，它也是单片机课程的一个重点，以后会详细介绍。另外，对于单片机自带的库函数 nop()，一个 NOP 的时间是一个机器周期的时间。

2. 单片机几种周期的关系（以后章节会详细说明）

① 时钟周期：CPU 的晶振的工作频率的倒数。例如工作频率为 11.059 2 MHz，那么时钟周期就是 1/（11.059 2 MHz）。

② 机器周期：完成一个基本操作的时间单元，例如取指周期、取数周期。一般一个机器周期是 12 个时钟周期，即 12×[1/（11.059 2 MHz）]。

③ 指令周期：是 CPU 的关键指标，指取出并执行一条指令的时间。一般以机器周期为单位，分为单指令执行周期、双指令执行周期等。现在的处理器的大部分指令（ARM、DSP）采用单指令执行。指令周期一般为 1、2、4 个机器周期。

（三）任务实施

步骤一：连接单片机和外部设备

连接单片机核心板和外设板，如图 3-32 所示。其中核心板 P0 与外设板 P13 相连，使用杜邦线连接核心板和外设板的 V_{CC}，烧录项目二中的程序，测试外设板的 LED 灯工作是否正常。

图 3-32 单片机和外部设备连接

单片机和外部设备连接

步骤二：编写"走马灯"程序

根据任务二的流程图编写"走马灯"代码如下：

```c
#include <reg52.h>
  sbit D0=P0^0;
  sbit D1=P0^1;
  sbit D2=P0^2;
  sbit D3=P0^3;
  sbit D4=P0^4;
  sbit D5=P0^5;
  sbit D6=P0^6;
  sbit D7=P0^7;
void delay()
{
   int a,b;
   for(a=100;a>0;a--)
     for(b=225;b>0;b--);
}
void main(void)
{
   while(1)
   {
    D7=1;D0=0;delay();
    D0=1;D1=0;delay();
    D1=1;D2=0;delay();
    D2=1;D3=0;delay();
    D3=1;D4=0;delay();
    D4=1;D5=0;delay();
    D5=1;D6=0;delay();
    D6=1;D7=0;delay();
     }
}
```

其中，变量 D0～D7 对应 P0 的 8 个引脚 P0^0～P0^7；delay()函数的作用是延时（函数的概念和使用在以后的章节里会重点讲述），在延时函数中，利用两个 for 循环让主程序花费一定时间（大约 1 s）对变量 a、b 进行自加操作。

 小贴士

这种软件延时只能大致消耗 CPU 的运算时间,一旦有优先级较高的进程调用,利用这种方式进行延时,时间上会有很大的出入,要精确确定延时时间,需要用到定时器和计数器,这些内容在以后的课程会着重讲述。

以上就是"走马灯"程序,程序中对 P0 中每个引脚 P0^0～P0^7 分别输入高低电平,参照项目二中的程序,也可以为 P0 统一赋值,从而达到"走马灯"的效果。代码如下:

```c
#include <reg52.h>

void delay()
{
    int a,b;
    for(a=100;a>0;a--)
      for(b=225;b>0;b--);
}
void main(void)
{
    while(1)
    {
        P0=0x7f;
        delay();
        P0=0xbf;
        delay();
        P0=0xdf;
        delay();
        P0=0xef;
        delay();
        P0=0xf7;
        delay();
        P0=0xfd;
        delay();
        P0=0xfb;
        delay();
        P0=0xfe;
        delay();
    }
}
```

其中，对 P0 的每一次输入，都对应着一盏灯的亮起，例如，第三盏灯亮起，如图 3-33 所示，输入的十六进制数为 0xdf。"走马灯"程序的主体结构为顺序结构，即每一个语句依次执行。

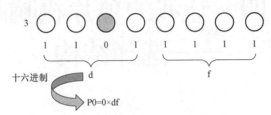

图 3-33 第三盏灯亮起，计算 P0 的输入

此外，现实生活中会碰到"流水灯"（即 LED 灯一开始全亮，继而一盏一盏地暗下去）、"双向走马灯"（从两头同时闪烁流动），也可试着书写代码。

（四）任务评价

序号	一级指标	分值	得分	备注
1	单片机延时的实现方式	20		
2	单片机周期	20		
3	"走马灯"程序的掌握	20		
4	二进制转十六进制	20		
5	程序顺序结构的理解	20		
	合计	100		

（五）思考练习

1. 单片机延时的编程分为_____、_____。
2. 时钟周期是_____。
3. 一般一个机器周期是_____个时钟周期。
4. 要使 LED 灯中的第 5 盏灯亮起，P0 应输入_____。
5. 要使 LED 灯中的第 7 盏灯亮起，P0 应输入_____。
6. 编写程序，使 8 盏 LED 灯的奇数灯和偶数灯交替亮起。

（六）任务拓展

本任务完成的是单片机"走马灯"程序的编写，请思考生活中的"流水灯""双向走马灯""呼吸灯""警报灯"如何用程序实现。

项目四　让我的单片机响起来
——选择结构

一、项目简介

在上一个项目中，通过编写程序，把单片机上的 LED 灯成功点亮了，本项目将让单片机按照我们的指令"响"起来。

二、项目目标

本项目通过按键控制蜂鸣器的发声，实现"让我的单片机响起来"。在此可以进一步了解蜂鸣器、按键等电子元件，读懂单片机工作的电路图，掌握蜂鸣器、按键程序编写的方法，掌握 if…else 条件语句的使用方法，运算符、表达式的相关知识。

三、工作任务

根据"让我的单片机响起来"项目要求，基于工作过程，以任务驱动的方式，将项目分成以下三个任务：
① 按键测试。
② 按键控制 LED 流水灯。
③ 按键控制蜂鸣器。

任务一　按键测试

（一）任务描述

按键与 LED 灯一一对应，由按键控制 LED 灯。当按下按键时，对应的 LED 灯亮；当松开按键时，对应的 LED 灯灭。

（二）任务目标

通过本次任务的学习，进一步巩固点亮 LED 灯的相关知识，认识按键，并能根据电路情况编写程序，判断按键情况。

知识准备

1. 关系运算符与表达式

（1）关系运算符

用于比较两个数的大小，共有 6 种，见表 4-1。

表 4-1 关系运算符

<	小于
<=	小于等于
>	大于
>=	大于等于
==	等于
!=	不等于

（2）关系表达式

用关系运算符将两个表达式连接起来的式子，称为关系表达式。

关系表达式的值是逻辑值"真"或"假"。但是 C 语言中没有专门的逻辑值，故用"非 0"代表"真"，用"0"代表"假"。

在关系表达式求解时，用"1"代表"真"，用"0"代表假。

当关系表达式成立时，表达式的值为 1，否则，表达式的值为 0。

2. 逻辑运算符与表达式

（1）逻辑运算符

C 语言中有 3 种逻辑运算符，分别用于表示"并且""或者""否定"逻辑关系。三种逻辑运算符见表 4-2。

表 4-2 逻辑运算符

逻辑运算符	逻辑运算	逻辑关系意义
&&	与	并且
||	或	或者
!	非	否定

（2）真值表（表 4-3~表 4-5）

表 4-3 与&&真值表

x	y	x&&y
真	真	真

续表

x	y	x&&y
真	假	假
假	真	假
假	假	假

表 4-4 或‖真值表

x	y	x‖y
真	真	真
真	假	真
假	真	真
假	假	假

表 4-5 非!真值表

x	!x
真	假
假	真

（3）逻辑表达式

用逻辑运算符将关系表达式或逻辑量连接起来的式子称为逻辑表达式。

逻辑表达式的值是一个逻辑值，即"true"或者"false"。但是 C 语言中没有专门的逻辑值，故用非 0 代表"真"，用 0 代表"假"。

3. 选择语句

if 选择语句是指 C 语言中用来判定所给定的条件是否满足，根据判定的结果（真或假）决定执行给出的两种操作之一。

在 C 语言中，if 语句有 3 种形式，见表 4-6～表 4-8。

表 4-6 形式一

句型	流程图	执行情况
if（表达式） 　　语句		系统对表达式的值进行判断，如果表达式为非 0（按"真"处理），执行 if 后面的语句；如果表达式为 0（按"假"处理），不执行 if 后面的语句

表 4-7　形式二

句型	流程图	执行情况
if（表达式） 　语句 1 else 　语句 2		系统对表达式的值进行判断，如果表达式为非 0（按"真"处理），执行 if 后面的语句 1；如果表达式为 0（按"假"处理），执行 else 后面的语句 2

表 4-8　形式三

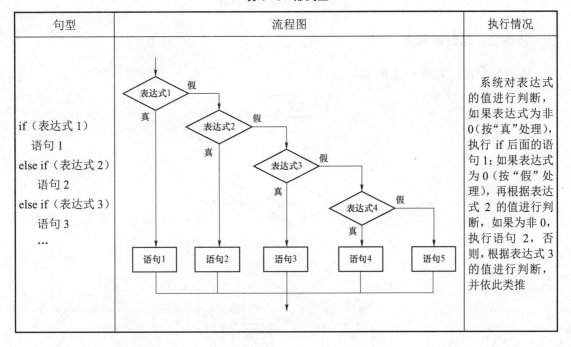

句型	流程图	执行情况
if（表达式 1） 　语句 1 else if（表达式 2） 　语句 2 else if（表达式 3） 　语句 3 …		系统对表达式的值进行判断，如果表达式为非 0（按"真"处理），执行 if 后面的语句 1；如果表达式为 0（按"假"处理），再根据表达式 2 的值进行判断，如果为非 0，执行语句 2，否则，根据表达式 3 的值进行判断，并依此类推

（三）任务实施

本任务通过各步骤的实施过程，可以深入了解按键的工作原理，在此基础上编写并测试程序。

步骤一：按键硬件连接

用 2 根杜邦线连接功能板上的 V_{CC}、GND 和核心板上的 V_{CC}、GND。

用 1 根杜邦线连接功能板上的 D0 和核心板上的 P1.0。

用 1 根杜邦线连接功能板上的 K1 和核心板上的 P3.0。

连接效果如图 4-1 所示。

硬件连接效果图

图 4-1　硬件连接效果图

步骤二：绘制流程图

绘制流程图，如图 4-2 所示。

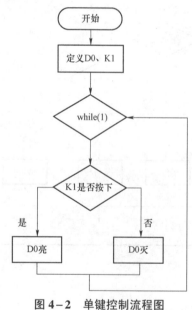

图 4-2　单键控制流程图

步骤三：创建 C 语言工程文件

① 在 D 盘下创建文件夹，命名为"按键测试"。

② 启动 Keil，创建工程，命名为"按键测试"，并把工程存放至"D:\按键测试"文件夹下。

③ 设置 CPU 数据的参考文件，如图 4-3 所示。

④ 创建主程序文件 main.c，并将其添加至工程文件组，如图 4-4 和图 4-5 所示。

项目四 让我的单片机响起来——选择结构

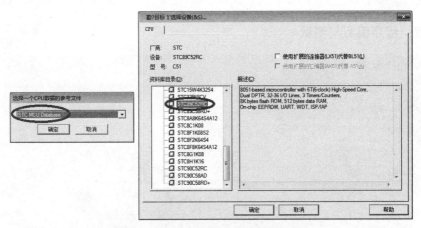

图 4-3 CPU 数据的参考文件选择

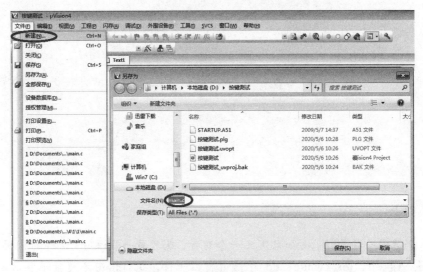

图 4-4 创建主程序文件

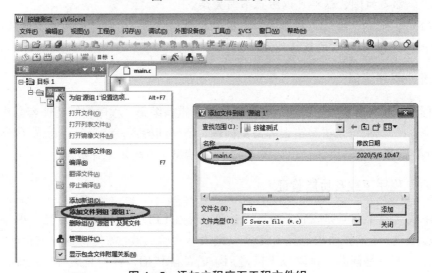

图 4-5 添加主程序至工程文件组

步骤四：程序编写与测试

```c
#include<reg52.h>
sbit D0 = P1^0;
sbit K1 = P3^0;
void main()
{
    while(1)
    {
        if(K1==0)
        {
            D0=0;
        }
        else
        {
            D0=1;
        }
    }
}
```

小贴士

一行代码只做一件事情，例如只定义一个变量，或只写一条语句。这样的代码容易阅读，并且便于写注释。if、for、while、do 等语句自占一行，执行语句不得紧跟其后。不论执行语句有多少，都要加{ }，这样可以防止书写失误。

程序的分界符"{"和"}"应独占一行并且位于同一列，同时与引用它们的语句左对齐。{ }之内的代码块在"{"右边数格处左对齐。

步骤五：程序编译

编译程序，如果有警告、错误，则修改程序，重新编译。程序编写初期容易出现括号不配对、缺少";"结束符及拼写错误等常见问题，请仔细检查。编译前，勾选"产生 HEX 文件"，如图 4-6 所示；若编译输出如图 4-7 所示信息，则表示编译成功。

步骤六：程序下载及功能验证

程序下载（图 4-8）完成后，按压 K1 键，观察 LED 灯 D0 是否点亮，如果点亮，则表示该实验成功；若未按要求点亮 LED 灯，则表示实验失败，需先检查各连接线是否正确、是否存在接触不良等问题，排除以上问题后，若故障依旧，需检查编写的程序，直至故障解决。

项目四 让我的单片机响起来——选择结构

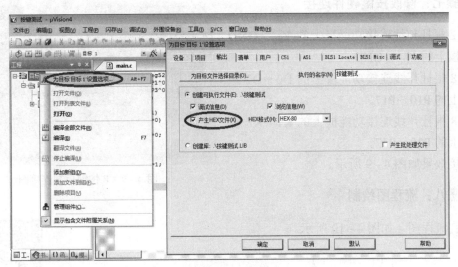

图 4-6 勾选"产生 HEX 文件"

```
编译输出
Build target '目标 1'
assembling STARTUP.A51...
compiling main.c...
linking...
Program Size: data=9.0 xdata=0 code=26
"按键测试" - 0 Error(s), 0 Warning(s).
```

图 4-7 编译结果

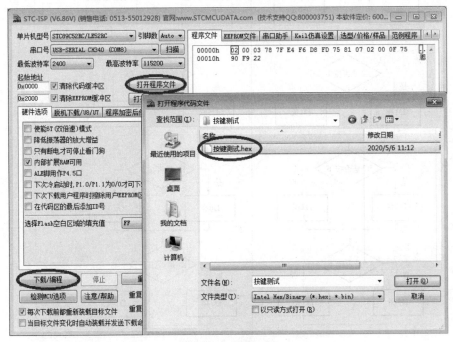

图 4-8 程序下载

步骤七：修改按键硬件连接

用 2 根杜邦线连接功能板上的 V_{CC}、GND 和核心板上的 V_{CC}、GND。

用 8 根杜邦线连接功能板上的 D0~D7 和核心板上的 P10~P17。

用 8 根杜邦线连接功能板上的 K1~K8 和核心板上的 P30~P37。

连接效果如图 4-9 所示。

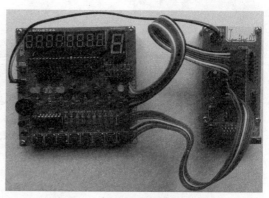

图 4-9　8 按键控制连接图

步骤八：流程图绘制

绘制流程图，如图 4-10 所示。

8 按键控制连接图

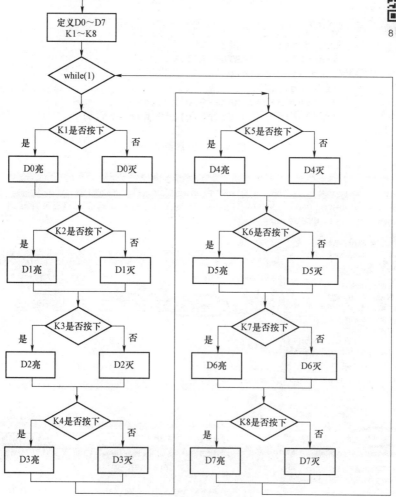

图 4-10　8 按键控制流程图

步骤九:程序修改

```c
#include<reg52.h>
//定义D0~D7
sbit D0 = P1^0;
sbit D1 = P1^1;
sbit D2 = P1^2;
sbit D3 = P1^3;
sbit D4 = P1^4;
sbit D5 = P1^5;
sbit D6 = P1^6;
sbit D7 = P1^7;
//定义K1~K8
sbit K1 = P3^0;
sbit K2 = P3^1;
sbit K3 = P3^2;
sbit K4 = P3^3;
sbit K5 = P3^4;
sbit K6 = P3^5;
sbit K7 = P3^6;
sbit K8 = P3^7;

void main()
{
    while(1)
    {
        if(0==K1)
        {    D0=0;    }
        else
        {    D0=1;    }
    if(0==K2)
        {    D1=0;    }
        else
        {    D1=1;    }
    if(0==K3)
        {    D2=0;    }
        else
        {    D2=1;    }
```

```
    if(0= =K4)
        {         D3 = 0;   }
      else
        {         D3 = 1;   }
    if(0= =K5)
        {         D4 = 0;   }
      else
        {         D4 = 1;   }
    if(0= =K6)
        {         D5 = 0;   }
      else
        {         D5 = 1;   }
    if(0= =K7)
        {         D6 = 0;   }
      else
        {         D6 = 1;   }
    if(0= =K8)
        {         D7 = 0;   }
      else
        {         D7 = 1;   }
  }
}
```

 小贴士

在C语言中，最容易产生混淆的操作符为"="与"= ="。其中，"="并不是"等于"符号，而是赋值操作符，例如 x=3，是将整数值 3 赋予变量 x，而非判断变量 x 是否等于数值 3。除此之外，还可以在一个语句中向多个变量赋同一个值，即多重赋值。例如，在下面代码中把 0 同时赋给 x、y 与 z。

```
x=y=z=0;
```

相对于只有一个等号的赋值操作符，关系操作符中的等于操作符采用两个等号"= ="表示。正因如此，导致了一个潜在的问题：出于习惯，我们可能经常将需要等于操作符的地方写成赋值操作符，如下面的代码：

```
int x=10;
int y=1;
if(x=y)
{
/*处理代码*/
}
```

在上面的代码中,if 语句看起来好像是要检查变量 x 是否等于变量 y,实际上并非如此,此时 if 语句将变量 y 的值赋给变量 x,并检查结果是否为非零,因此,虽然这里的 x 不等于 y,但是 y 的值为 1,if 语句还是会返回真。

步骤十:程序编译

编译程序,如果有警告、错误,则修改程序,重新编译。程序编写初期容易出现括号不配对、缺少";"结束符及拼写错误等常见问题,请仔细检查。

步骤十一:程序下载及功能验证

程序下载完成后,依次按压 K1~K8 键,观察 LED 灯 D0~D7 是否点亮,如点亮,则表示该实验成功;若未按要求点亮 LED 灯,则表示实验失败,需先检查各连接线是否正确,是否存在接触不良等问题,排除以上问题后,若故障依旧,则检查编写的程序,直至故障解决。

(四)任务评价

序号	一级指标	分值	得分	备注
1	理解关系运算符及关系表达式	10		
2	理解逻辑运算符及逻辑表达式	10		
3	过程设计与流程图绘制	20		
4	掌握语句 if 与 if…else	40		
5	硬件故障排除	20		
	合计	100		

(五)思考练习

1. 若变量 a 是整型,f 是实型,则表达式 10+'a'+10*f 值的数据类型为_____。
2. 能正确表示逻辑关系"a≥10 或 a≤"的 C 语言表达式是( )。
   A. a>=0|a<=10   B. a>=10 or a<=0
   C. a>=10 &&a<=0   D. a>=10||a<=0
3. 逻辑运算符中,运算优先级按从高到低依次为( )。
   A. &&,!,|| B. ||,&&,!   C. &&,||,!   D. !,&&,||
4. 算术运算符、赋值运算符和关系运算符优先级按从高到低依次为( )。
   A. 算术运算符、赋值运算符、关系运算符
   B. 算术运算符、关系运算符、赋值运算符
   C. 关系运算符、赋值运算符、算术运算符
   D. 关系运算符、算术运算符、赋值运算符
5. 以下程序段的输出结果是( )。

```
int x=5;
if(x>0) y=1;
```

```
    else if(x==0) y=0;
      else y=1;
printf("%d",y);
```
A. 1　　　　　　B. 5　　　　　　C. 0　　　　　　D. 2

（六）任务拓展

编写程序，实现智慧充电桩充电时声音提示，按键 1 开始充电，LED 灯全亮；按键 2 结束充电，LED 闪烁 2 次后，LED 灯关闭。

任务二　按键控制 LED 流水灯

（一）任务描述

选取 4 个按键，分别控制 LED 灯向左流水闪烁、向右流水闪烁、"1，3，5，…"奇数灯依次闪烁、"2，4，6，…"偶数灯依次闪烁。

（二）任务目标

根据任务描述编写程序。

知识准备

数据在计算机内部都是以二进制形式存储的，在 C 语言中，针对数据的二进制位进行的运算称为位运算。

单片机通常使用 I/O 口控制外部设备完成相应的功能，比如 LED 灯的亮灭、蜂鸣器的鸣响、继电器的通断、电动机的转动停止、水泵的抽水与否、门禁的开关等，这些都可以使用位运算来实现。

在 C 语言中共有 6 种位运算符，见表 4–9。

表 4–9　位运算符

位运算符	含义	逻辑关系	运算规则
&	与	必须都为 1，否则为 0	0&0=0 0&1=0 1&0=0 1&1=1
|	或	只要其中之一为 1，就为 1	0|0=0 0|1=1 1|0=1 1|1=1

续表

位运算符	含义	逻辑关系	运算规则
~	取反	求反	~0 = 1 ~1 = 0
^	异或	必须不同，否则就为0	0^0 = 0 1^1 = 0 0^1 = 1 1^0 = 1
<<	左移	向左移位	
>>	右移	向右移位	

例如：

① 运算符"&"（表4-10），C语言中表示"按位与"运算。

表4-10 运算符"&"

57&69 = ?	0011 1001 & 0100 0101 0000 0001

② 运算符"|"（表4-11），C语言中表示"按位或"运算。

表4-11 运算符"|"

57|69 = ?	00 11 1001 | 01 00 0101 0111 1101

③ 运算符"~"（表4-12），C语言中表示"取反"运算，将数据的二进制位翻转，即0变1，1变0。

表4-12 运算符"~"

~57 = ?	~ 0011 1001 1100 0110

④ 运算符"^"（表4-13），C语言中表示"按位异或"运算。与0相^的位，保留原值；与1相^的位，值翻转。

表4-13 运算符"^"

57^69 = ?	0011 1001 ^ 0100 0101 0111 1100

⑤ 运算符"<<"（表4-14），左移运算符，将一个数的各个二进制位全部左移若干位。移位过程中，高位丢弃，低位补0。

表4-14 运算符"<<"

将57左移1位，57<<1=？	57<<1　　0011 1001 0111 0010
将57左移2位，57<<2=？	57<<2　　0011 1001 1110 0100

⑥ 运算符">>"（表4-15），右移运算符，将一个数的各个二进制位全部右移若干位。移位过程中，低位丢弃，最高位为0的数，高位补0；最高位为1的数，高位补1。

表4-15 运算符">>"

将57右移1位，57>>1=？	57>>1　　0011 1001 0001 1100
将57右移2位，57>>2=？	57>>2　　0011 1001 0000 1110

位运算的巧妙应用：

① "按位与"&常将一个数的二进制形式中的特定位清0或者保留原值。

比如：

```
unsigned char led=0x0F;——对应8个LED灯,D7~D4点亮,D3~D0熄灭
```

如果要使D0、D2点亮，其余LED灯保持原来的状态不变（即，使LED灯的第0、2位清0，其余位保留原来的值），可以使用表达式led & 0xFA来实现。

② "按位或"|常将一个数的二进制形式中的特定位置1。

比如：

```
unsigned char led=0x0F;——对应8个LED灯,D7~D4点亮,D3~D0熄灭
```

如果要使D7、D6熄灭，其余LED灯保持原来的状态不变（即，使LED灯的第7、6位置1，其余位保留原来的值），可以使用表达式led | 0xC0来实现。

③ 取反。

```
//LED灯闪烁
unsigned char led=0xFF;
while(1)
{
 P1=led;//把变量led的值赋给P1口,控制LED灯
 led=~led;//变量led的二进制位翻转
 delay(1000);//延时1s
}
```

④ 根据"与0相^的位，保留原值；与1相^的位，值翻转"的特点，"按位异或"^的

应用,使一个数据的特定位翻转,其余位保留原值。

```
//实现D1、D2的闪烁
unsigned char led=0xFF;
while(1)
{
  P1=led;//把变量led的值赋给P1口,控制LED灯
  led^=0x06;//变量led的二进制位翻转
  delay(1000);//延时1 s
}
```

⑤ 左移。

```
//实现D0~D7的流水灯方式点亮
unsigned char led=0xFF;
while(1)
{
  P1=led;//把变量led的值赋给P1口,控制LED灯
  led <<= 1;//变量led的二进制位左移一位
  delay(1000);//延时1 s
}
```

⑥ 右移。

```
//实现D7~D0的流水灯方式点亮
unsigned char led=0xFF;
while(1)
{
  P1=led;//把变量led的值赋给P1口,控制LED灯
  led >>= 1;//变量led的二进制位右移一位
  delay(1000);//延时1 s
}
```

(三) 任务实施

本任务通过各步骤的实施过程,使读者进一步理解位运算符的运算法则,在此基础上编写并测试程序。

步骤一:硬件连接

用2根杜邦线连接功能板上的 V_{CC}、GND 和核心板上的 V_{CC}、GND。
用8根杜邦线连接功能板上的 D0~D7 和核心板上的 P10~P17。
用8根杜邦线连接功能板上的 K1~K8 和核心板上的 P30~P37。
连接效果如图 4-11 所示。

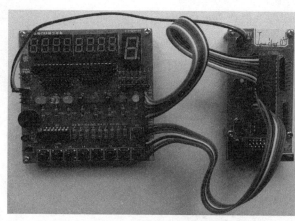

4 按键控制流水灯连接图

图 4-11　4 按键控制流水灯连接图

步骤二：创建 C 语言工程文件

① 在 D 盘下创建文件夹，命名为"流水灯控制"。

② 启动 Keil，创建工程，命名为"流水灯控制"，并把工程存放在"D:\流水灯控制"文件夹下。

③ 设置 CPU 数据的参考文件。

④ 创建主程序文件 main.c，并将其添加至工程文件组。

步骤三：程序编写与测试

```
#include<reg52.h>
//定义 K1~K8
sbit K1 = P3^0;
sbit K2 = P3^1;
sbit K3 = P3^2;
sbit K4 = P3^3;

void delay(unsigned int ms)     //延时函数
{
    unsigned int k;
    unsigned char j;
    k=0;
    while(变量 k 小于延时参数值)
    {
        k=k+1;
        j=0;
        while(j<125)
            j=j+1;
```

```c
    }
}

void main()
{
unsigned char LED1 = 0xFF;
unsigned char LED2 = 0xFF;
unsigned char L1=0x01;
unsigned char L2=0x80;
    while(1)
    {
        P1=0xFF;
        if(0==K1)
        {
            P1=LED1;//把变量LED1的值赋给P1口,控制LED灯
            LED1=LED1 << 1;//变量LED1的二进制位左移一位
            delay(1000);//延时1 s
        }
        if(0==K2)
        {
            P1=LED2;//把变量LED2的值赋给P1口,控制LED灯
            LED2=LED2 >> 1;//变量LED2的二进制位右移一位
            delay(1000);//延时1 s
        }
        if(0==K3)
        {
            P1=LED1;//把变量LED1的值赋给P1口,控制LED灯
            LED1=LED1&(~L1);
            L1=L1 << 2;//变量LED1的二进制位左移两位
            delay(1000);//延时1 s
        }
        if(0==K4)
        {
            P1=LED2;//把变量LED2的值赋给P1口,控制LED灯
            LED2=LED2&(~L2);
            L2=L2 >> 2;//变量LED1的二进制位右移两位
            delay(1 000);//延时1 s
        }
```

		}
}

算术右移和逻辑右移的区别只有在二进制数的最高位是 1 的情况下才会体现,如果二进制数的最高位是 1,那么进行算术右移时,会在左边补充 1。

它们各自的作用:逻辑右移是用在无符号整数的除法运算中的,算术右移是用在有符号整数的除法运算中的。

步骤四:程序编译

编译程序,如果有警告、错误,则修改程序,重新编译。程序编写初期容易出现括号不配对、缺少";"结束符及拼写错误等常见问题,请仔细检查。

步骤五:程序下载及功能验证

程序下载完成后,按压 K1~K4 键,观察 LED 灯 D0~D7 是否按照指定顺序点亮,如正确点亮,则表示该实验成功;若未按要求点亮,则表示实验失败,需先检查各连接线是否正确,是否存在接触不良等问题,排除以上问题后,若故障依旧,则检查编写的程序,直至故障解决。注:本程序中涉及按位运算,比较容易出现补位方面的问题,请仔细核对程序。

(四)任务评价

序号	一级指标	分值	得分	备注
1	理解位运算符	30		
2	过程设计与流程图绘制	20		
3	掌握语句 if 与 if…else	30		
4	硬件故障排除	20		
	合计	100		

(五)思考练习

1. 表达式 0x13&0x17 的值是_____。
2. 表达式 0x13|0x17 的值是_____。
3. 若 x=2,y=3,则 x&y 的结果是_____。
4. 在位运算中,操作数每右移一位,其结果相当于(   )。
A. 操作数乘以 2   B. 操作数除以 2   C. 操作数除以 4   D. 操作数乘以 4
5. 设有以下语句:

```
char x=3,y=6,z;
z=x^y<<2;
```
则 z 的二进制值是（　　）。
A. 00010100　　　　B. 00011011　　　　C. 00011100　　　　D. 00011000

（六）任务拓展

编写程序，实现智慧充电桩充电时指示灯提示。当未充电时，指示灯由左向右依次闪烁；当开始充电时，奇数号指示灯与偶数号指示灯依次闪烁；当充电完成时，指示灯全亮。

任务三　按键控制蜂鸣器

（一）任务描述

按下 K1 按键后，D0 亮，否则，D0 灭；按下 K2 按键后，D1 亮，否则，D1 灭；按下 K3 按键后，D2 亮，否则，D2 灭；依此类推。K1～K8 只要有一个按键按下，铃就响，否则，铃不响。

（二）任务目标

在上一任务的基础上，进一步学习蜂鸣器的相关知识，根据需要编写程序。

知识准备

蜂鸣器是一种一体化结构的电子讯响器，广泛应用于计算机、打印机、复印机、报警器、电话机等电子产品中作发声器件，本任务介绍如何用单片机驱动蜂鸣器。

按结构原理，蜂鸣器主要分为压电式蜂鸣器和电磁式蜂鸣器两种类型；按工作方式，主要分为有源和无源两种。如图 4-12 所示。

常见蜂鸣器

图 4-12　常见蜂鸣器

电磁式蜂鸣器由振荡器、电磁线圈、磁铁、振动膜片及外壳等组成。接通电源后，振荡器产生的音频信号电流通过电磁线圈,使电磁线圈产生磁场,振动膜片在电磁线圈和磁铁的相互作用下,周期性地振动发声。

压电式蜂鸣器主要由多谐振荡器、压电蜂鸣片、阻抗匹配器及共鸣箱、外壳等组成。多谐振荡器由晶体管或集成电路构成,当接通电源后(1.5~15 V 直流工作电压),多谐振荡器起振,输出 1.5~2.5 kHz 的音频信号,阻抗匹配器推动压电蜂鸣片发声。

(三)任务实施

本任务通过各步骤的实施过程,除巩固按键相关编程的知识外,还将深入了解蜂鸣器的工作原理,在此基础上编写并测试程序。

步骤一:硬件连接

用 2 根杜邦线连接功能板上的 V_{CC}、GND 和核心板上的 V_{CC}、GND。
用 8 根杜邦线连接功能板上的 D0~D7 和核心板上的 P10~P17。
用 8 根杜邦线连接功能板上的 K1~K8 和核心板上的 P20~P27。
用 1 根杜邦线连接功能板上的 BZ 和核心板上的 P37。
连接效果如图 4-13 所示。

步骤二:绘制流程图

根据任务需求,程序的主体流程如图 4-14 所示。

按键蜂鸣器控制连接图

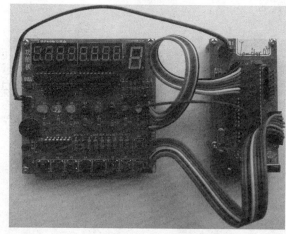

图 4-13 按键蜂鸣器控制连接图

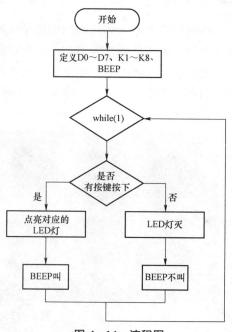

图 4-14 流程图

步骤三：程序编写

```c
#include<reg52.h>
sbit BEEP = P3^7;
void main()
{
    unsigned char LED;
    unsigned char KEY=0;//KEY为0时,表示没有按键按下,1:K1;2:K2;3:K3
                       //4:K4;5:K5;6:K6;7:K7;8:K8
    while(1)
    {
    LED=0x01;
    //按键识别
    if((P2&0x01) == 0)
        KEY=1;
    else if((P2&0x02) == 0)
        KEY=2;
    else if((P2&0x04) == 0)
        KEY=3;
    else if((P2&0x08) == 0)
        KEY=4;
    else if((P2&0x10) == 0)
        KEY=5;
    else if((P2&0x20) == 0)
        KEY=6;
    else if((P2&0x40) == 0)
        KEY=7;
    else if((P2&0x80) == 0)
        KEY=8;
    else KEY=0;
    //LED控制
    if(KEY>0)
    {
        LED = LED << (KEY-1);
        P1 = ~LED;
    }
    else
        P1=0xFF;//没有按键按下时,灯全灭
```

```
//蜂鸣器控制
if(KEY>0)
    BEEP = 0;
else
    BEEP = 1;
    }
}
```

 小贴士

注意，上述程序采用了移位方法来实现按键亮灯，与任务一中的方法（算法）有所不同，所以，在实际项目中实现同一个功能可以采用多种方法（算法）。

算法的优劣在程序开发中一般由算法所占用的"时间"和"空间"两个维度考量。

时间维度是指执行当前算法所消耗的时间，通常用"时间复杂度"描述。

空间维度是指执行当前算法需要占用多少内存空间，通常用"空间复杂度"描述。

步骤四：程序编译

编译程序，如果有警告、错误，则修改程序，重新编译。程序编写初期容易出现括号不配对、缺少";"结束符及拼写错误等常见问题，本程序设计较多的括号，请仔细检查括号配对问题。注："=="逻辑判断符优先级高于"&"位运算符。

步骤五：程序下载及功能验证

程序下载完成后，依次按压 K0～K7 键，观察 LED 灯 D0～D7 是否点亮并且蜂鸣器是否鸣叫，如点亮并伴有"嘀……"声，则表示该实验成功；若未按要求点亮 LED 灯或蜂鸣器未鸣叫，则表示实验失败，请先检查各连接线是否正确，是否存在接触不良等问题。排除以上问题后，若故障依旧，则检查编写的程序，直至故障解决。

（四）任务评价

序号	一级指标	分值	得分	备注
1	理解关系运算符及关系表达式	10		
2	理解逻辑运算符及逻辑表达式	10		
3	过程设计与流程图绘制	20		
4	掌握语句 if 与 if…else	40		
5	硬件故障排除	20		
	合计	100		

(五) 思考练习

1. 按结构原理，蜂鸣器主要分为_____和_____两种类型。
2. 按工作方式，蜂鸣器主要分为_____和_____两种类型。
3. 试述蜂鸣器发声原理。

(六) 任务拓展

编写程序，实现智慧充电桩充电时声音提示。当开始充电时，蜂鸣器发出"嘀"的一声；当结束充电时，蜂鸣器连续发出"嘀、嘀"两声。

项目五 让我的单片机自动化
——循环结构

一、项目简介

在之前的项目中,通过编写顺序结构程序,让单片机动了起来,但大家不难发现,程序只运行了一次,那么如何使单片机变成一个自动化的小助手呢?本项目通过学习 for、while、do…while 三大循环语句,来实现单片机的自动化运行。

二、项目目标

本项目在原顺序结构的基础上加入了循环结构,从而实现了"让我的单片机自动化"这一目标,进一步锻炼读者的编程思路,熟练绘制流程图,最终能编写出一段条理清晰的程序。

三、工作任务

根据制作"让我的单片机自动化"的项目目标,基于工作过程,以任务驱动的方式,将项目分成以下三个任务:
① while 语句控制下的流水灯。
② do…while 语句控制下的流水灯。
③ for 语句控制下的流水灯。

任务一 while 语句控制下的流水灯

(一)任务描述

使用 while 语句和移位运算控制 8 个 LED 灯,实现流水灯,如图 5-1 所示。

图 5-1 流水灯

（二）任务目标

通过本任务的学习，使读者理解 while 循环语句的基本语法和执行流程，熟练使用 while 循环控制 LED 灯从左至右依次点亮，巩固之前所学的移位运算。

知识准备

前面讲解了顺序结构和选择结构，本任务开始讲解循环结构。所谓循环（loop），就是重复地执行同一段代码，例如要计算 $1+2+3+\cdots+99+100$ 的值，就要重复进行 99 次加法运算。

1. while 循环语句

while 语句的一般形式：

```
while(表达式)
{
    语句块
}
```

流程图和执行过程见表 5-1。

表 5-1 流程图和执行过程

流程图	执行过程
（流程图：表达式为假(0)时退出；为真(非0)时执行语句块）	意思是，先计算"表达式"的值，当值为真（非 0）时，执行"语句块"；执行完"语句块"后，再次计算表达式的值，如果为真，继续执行"语句块"……这个过程会一直重复，直到表达式的值为假（0），就退出循环，执行 while 后面的代码。 通常将"表达式"称为循环条件，把"语句块"称为循环体，整个循环的过程就是不停判断循环条件，并执行循环体代码的过程

2. while 循环语句案例

用 while 循环计算 1 加到 50 的值：

```c
#include <stdio.h>/*该程序为标准 C 语言程序，若在 Keil 软件中调试，则在调试模式下打开外围设备——串口的 TI、RI 选项，并开启串口调试窗口。*/
int main()
{
    int i=1, sum=0;
```

```
    while(i<=50)
    {
        sum=sum+i;
        i=i+1;
    }
    printf("%d\n",sum);
    return 0;
}
```

运行结果：1275

3. 代码分析

① 程序运行到 while 时，因为 i=1，i<=100 成立，所以会执行循环体；执行结束后，i 的值变为 2，sum 的值变为 1。

② 接下来会继续判断 i<=100 是否成立，因为此时 i=2，i<=100 成立，所以继续执行循环体；执行结束后，i 的值变为 3，sum 的值变为 3。

③ 重复执行步骤②。

④ 当循环进行到第 100 次时，i 的值变为 101，sum 的值变为 5 050。因为此时 i<=100 不再成立，所以就退出循环，不再执行循环体，转而执行 while 循环后面的代码。

while 循环的整体思路是这样的：设置一个带有变量的循环条件，也即一个带有变量的表达式；在循环体中额外添加一条语句，让它能够改变循环条件中变量的值。这样，随着循环的不断执行，循环条件中变量的值也会不断变化，终有一个时刻，循环条件不再成立，整个循环就结束了。

如果循环条件中不包含变量，会发生什么情况呢？

① 当循环条件成立时，while 循环会一直执行下去，永不结束，成为"死循环"。在单片机的程序编写中，这一点非常重要，也非常实用，例如：

```
#include <stdio.h>/*该程序为标准 C 语言程序，若在 Keil 软件中调试，则在调试模式下打开外围设备——串口的 TI、RI 选项，并开启串口调试窗口。*/
int main()
{
    while(1)
    {
        printf("1");
    }
    return 0;
}
```

运行程序，会不停地输出"1"，直到用户强制关闭。

② 当循环条件不成立时，while 循环一次也不会执行。例如：

```
#include <stdio.h>
int main()
```

```
{
    while(0)
    {
        printf("1");
    }
    return 0;
}
```

运行程序,什么也不会输出。

(三)任务实施

本任务需要大家自主绘制流程图,通过该实施过程,进一步深入理解程序开发的基本过程与思路,锻炼逻辑思维能力,同时养成一个良好的程序开发习惯。在完成流程图的绘制后,编写并测试程序,同时进一步修正自己的流程图。

步骤一:硬件连接

用 2 根杜邦线连接功能板上的 V_{CC}、GND 和核心板上的 V_{CC}、GND。

用 8 根杜邦线连接功能板上的 D0~D7 和核心板上的 P10~P17。

连接效果如图 5-2 所示。

图 5-2 流水灯连接图

流水灯连接图

步骤二:绘制流程图

请在下框中尝试绘制流程图:

步骤三：程序编写

```c
#include <reg52.h>

//函数声明
void delay_nms(unsigned int ms);
/*******************************
*函数名:main
*功  能:主函数
********************************/
void main()
{
    int j=0;
    P1=0xFF;
    delay_nms(1000);
    while(j<8)
    {
        P1=P1<<1;
        delay_nms(1000);
        j=j+1;
        if(j==8)  P1=0xFF;
    }
}
/*******************************
*函数名:delay_nms(unsigned int ms)
*功  能:延时函数
*参  数:延时长度,单位ms
*返回值:无
********************************/
void delay_nms(unsigned int ms)
{
    unsigned int k;
    unsigned char j;
    k=0;
    while(k<ms)
    {
        k=k+1;
        j=0;
        while(j<125)
```

```
        j=j+1;
    }
}
```

采用定时器将需要定时的时间算好后，写入单片机中断程序中即可，这种方法可以实现精确定时，最终的误差仅由晶振决定。

虽然用定时器最准确，但对于 51 单片机来说，定时器数量是有限的，往往会出现不够用的情况。比如温度检测（尤其是温度变化大且变化频繁的场景），需要一个定时器来确保按时不停检测。此时如果另一个定时器又正好分配到其他任务，那么只有用其他方法延时了。

一般采用上述程序开发中使用的方法，即利用晶振频率计算 CPU 指令周期，再计算 delay 循环中有几条代码，需要多少个指令周期，由此得到 delay 函数执行一次的时长。但是使用 delay 函数进行延迟时，不只和 CPU 指令周期有关，还和是否使用了操作系统、用了哪种操作系统有关。总之，受影响的因素很多，因此采用 delay 函数实现定时、计时功能的精度不够。

步骤四：程序编译

编译程序，如果有警告、错误，则修改程序，重新编译。程序编写初期容易出现括号不配对、缺少"；"结束符及拼写错误等常见问题，本任务涉及循环语句，请仔细分析条件判断问题，防止出现死循环情况。

步骤五：程序下载及功能验证

程序下载完成后，观察 LED 灯 D0～D7 是否依次点亮，若未按要求点亮，则先检查各连接线是否正确，是否存在接触不良等问题。排除以上问题后，若故障依旧，则检查编写的程序，直至故障解决。

（四）任务评价

序号	一级指标	分值	得分	备注
1	理解 while 的基本语法	20		
2	掌握 while 的执行流程	30		
3	掌握流程图的绘制方法	20		
4	程序编写调试	30		
	合计	100		

（五）思考练习

1. 语句 while(!e);中的条件!e 的作用是_____。
2. 写出 while 语句的一般形式。

3. 绘制出 while 语句的流程图。
4. 试述 while 死循环的利弊。

（六）任务拓展

编写程序，实现智慧充电桩充电时指示灯的往复显示，当开始充电时，LED 指示灯由左至右、由右至左逐一往复闪亮。

任务二　do…while 语句控制下的流水灯

（一）任务描述

使用 do…while 语句和移位运算控制 8 个 LED 灯，实现流水灯。

（二）任务目标

通过本任务的学习，使读者理解 do…while 循环语句的基本语法和执行流程，熟练使用 do…while 循环控制 LED 灯的亮灭，进一步巩固之前所学的移位运算，理解 while 与 do…while 语句的联系与区别。

知识准备

1. 自增（++）和自减（--）运算符（表 5-2）

自增（++）：将变量的值加 1，分为前缀式（如++i）和后缀式（如 i++）。前缀式是先加 1 再使用，后缀式是先使用再加 1。

自减（--）：将变量的值减 1，分为前缀式（如--i）和后缀式（如 i--）。前缀式是先减 1 再使用，后缀式是先使用再减 1。

表 5-2　自增和自减运算符

运算符	含义	运算符	含义
y=x++	先 y=x，然后 x=x+1	y=++x	先 x=x+1，然后 y=x
y=x--	先 y=x，然后 x=x-1	y=--x	先 x=x-1，然后 y=x

2. do…while 循环语句

do…while 循环的一般形式（表 5-3）为：

```
do
{
    语句块
}while(表达式);
```

表 5–3 do…while 循环语句的流程图和执行过程

流程图	执行过程
(循环语句 → 表达式，非0返回循环语句，0退出)	do…while 循环与 while 循环的不同之处在于，它会先执行"语句块"，然后判断表达式是否为真，如果为真，则继续循环；如果为假，则终止循环。因此，do…while 循环至少要执行一次"语句块"

（三）任务实施

本任务同样需要读者自主绘制流程图，通过该实施过程，进一步深入理解程序开发的基本过程与思路，锻炼逻辑思维能力，注意与 while 流程的异同点，同时也养成一个良好的程序开发习惯。在完成流程图的绘制后，编写并测试程序，同时进一步修正自己的流程图。

步骤一：硬件连接

用 2 根杜邦线连接功能板上的 V_{CC}、GND 和核心板上的 V_{CC}、GND。

用 8 根杜邦线连接功能板上的 D0～D7 和核心板上的 P10～P17。

步骤二：绘制流程图

请在下框中尝试绘制流程图：

步骤三：程序编写

```c
#include <reg52.h>

//函数声明
void delay_nms(unsigned int ms);
/*****************************************
*函数名:main
*功  能:主函数
*****************************************/
void main()
{
    int j=0;
    P1=0xFF;
    delay_nms(1000);
    do
    {
        P1=P1>>1;
        delay_nms(1000);
        j++;
        if(j==8) P1=0xFF;
    }
    while(j<8);
}
/*****************************************
*函数名:delay_nms(unsigned int ms)
*功  能:延时函数
*参  数:延时长度,单位ms
*返回值:无
*****************************************/
void delay_nms(unsigned int ms)
{
    unsigned int k;
    unsigned char j;
    k=0;
    do
    {
        k++;
```

```
        j=0;
        while(j<125)
        j++;
    } while(k<ms);
}
```

步骤四：程序编译

编译程序，如果有警告、错误，则修改程序，重新编译。程序编写初期容易出现括号不配对、缺少";"结束符及拼写错误等常见问题，本项目涉及循环语句，请仔细分析条件判断问题，防止出现死循环情况。

步骤五：程序下载及功能验证

程序下载完成后，观察 LED 灯 D7~D0 是否依次点亮，若未按要求点亮，请先检查各连接线是否正确，是否存在接触不良等问题。排除以上问题后，若故障依旧，则检查编写的程序，直至故障解决。

（四）任务评价

序号	一级指标	分值	得分	备注
1	理解 do…while 的基本语法	20		
2	掌握 do…while 的执行流程	30		
3	掌握流程图的绘制方法	20		
4	程序编写、调试	30		
	合计	100		

（五）思考练习

1. 程序段"int x=3;do{printf("%d",x--);while(!x);}"的执行结果是_____。
2. 以下程序运行后，输出结果是_____。

```
#include <stdio.h>
main()
{
    int s=1,n=235;
    do{
        s*=n%10;n/=10;
    }while(n);
    printf("%d\n",s);
}
```

3. 有以下程序段：
```
int n,t=1,s=0;
scanf("%d",&n);          //从键盘上输入一个字符
do{s=s+t;t=t-2;}while(t!=n);
```
为使此程序段不陷入死循环，从键盘上输入的数据应该是（　　）。
A. 任意正奇数
B. 任意负偶数
C. 任意正偶数
D. 任意负奇数
4. 写出 do…while 语句的一般形式。
5. 绘制出 do…while 语句的流程图。

（六）任务拓展

编写程序，实现智慧充电桩充电时指示灯的往复显示。当结束充电后，LED 指示灯间断性闪烁。

任务三　for 语句控制下的流水灯

（一）任务描述

使用 for 语句和移位运算控制 8 个 LED，实现流水灯。

（二）任务目标

通过本任务的学习，使读者理解 for 循环语句的基本语法和执行流程，熟练使用 for 循环控制 LED 灯的亮灭，巩固之前所学的移位运算。

知识准备

除了 while 循环，C 语言中还有 for 循环，它的使用更加灵活，完全可以取代 while 循环。

for 循环语句的一般形式（表 5-4）：
```
for（表达式 1；表达式 2；表达式 3）
{
语句块
}
```

项目五 让我的单片机自动化——循环结构

表 5-4 for 循环语句的流程图和执行过程

流程图	执行过程
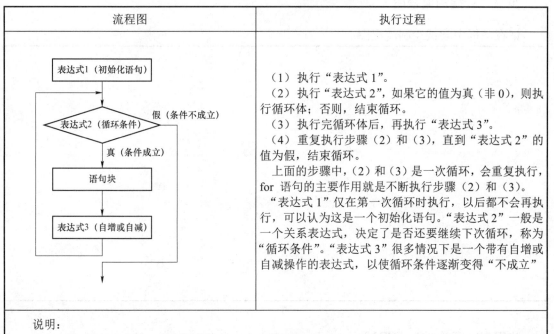	（1）执行"表达式 1"。 （2）执行"表达式 2"，如果它的值为真（非 0），则执行循环体；否则，结束循环。 （3）执行完循环体后，再执行"表达式 3"。 （4）重复执行步骤（2）和（3），直到"表达式 2"的值为假，结束循环。 上面的步骤中，（2）和（3）是一次循环，会重复执行，for 语句的主要作用就是不断执行步骤（2）和（3）。 "表达式 1"仅在第一次循环时执行，以后都不会再执行，可以认为这是一个初始化语句。"表达式 2"一般是一个关系表达式，决定了是否还要继续下次循环，称为"循环条件"。"表达式 3"很多情况下是一个带有自增或自减操作的表达式，以使循环条件逐渐变得"不成立"

说明：
① "循环变量赋初值""循环条件"和"循环变量增值"部分均可缺省，甚至全部缺省，但其间的分号不能省略。
② 当循环体语句组仅由一条语句构成时，可以不使用复合语句形式。
③ "循环变量赋初值"表达式既可以是给循环变量赋初值的赋值表达式，也可以是与此无关的其他表达式。
例如：

```
for(表达式 1; 表达式 2; 表达式 3)
{
    语句块
}
```

④ "循环条件"部分是一个逻辑量，除一般的关系（或逻辑）表达式外，也允许是数值（或字符）表达式。

（三）任务实施

本任务依旧需要大家自主绘制流程图，通过该实施过程，进一步深入理解程序开发的基本过程与思路，锻炼逻辑思维能力，同时也养成良好的程序开发习惯。在完成流程图的绘制后，编写并测试程序，同时进一步修正自己的流程图。

步骤一：硬件连接

用 2 根杜邦线连接功能板上的 V_{CC}、GND 和核心板上的 V_{CC}、GND。
用 8 根杜邦线连接功能板上的 D0~D7 和核心板上的 P10~P17。

步骤二：绘制流程图

请在下框中尝试绘制流程图：

步骤三：程序编写与调试

```c
#include <reg52.h>

//函数声明
void delay_nms(unsigned int ms);
/***********************************
*函数名:main
*功  能:主函数
***********************************/
void main()
{
    int j=0;
    unsigned char flag=0x01;
    delay_nms(1000);
    for(j=0;j<8;j++)
    {
        P1=~flag;
        flag=flag<<1;
        delay_nms(1000);
    }
}
```

```
/*****************************
*函数名:delay_nms(unsigned int ms)
*功  能:延时函数
*参  数:延时长度,单位ms
*返回值:无
*****************************/
void delay_nms(unsigned int ms)
{
    unsigned int k;
    unsigned char j;
    for(k=0;k<ms;k++)
        for(j=0;j<125;j++)
        ;
}
```

 小贴士

C++/C 语言的循环语句中,for 语句使用频率最高,while 语句其次,do 语句很少用。同时,也由于在编写 for 语句时就明确了初始值、循环条件等,可读性比较强,所以避免了大量的死循环错误,大部分的程序员也乐于使用 for 循环来开发程序。

步骤四:程序编译

编译程序,如果有警告、错误,则修改程序,重新编译。程序编写初期容易出现括号不配对、缺少";"结束符及拼写错误等常见问题。

步骤五:程序下载及功能验证

程序下载完成后,观察 LED 灯 D0~D7 是否依次亮灭,若未按要求亮灭,则先检查各连接线是否正确,是否存在接触不良等问题。排除以上问题后,若故障依旧,则检查编写的程序,直至故障解决。

(四)任务评价

序号	一级指标	分值	得分	备注
1	理解 for 的基本语法	20		
2	掌握 for 的执行流程	30		
3	掌握流程图的绘制方法	20		
4	程序编写、调试	30		
	合计	100		

（五）思考练习

1. 下面关于 for 循环的描述，正确的是（　　）。
   A. for 循环只能用于循环次数已经确定的情况
   B. for 循环是先执行循环体语句，后判定表达式
   C. 在 for 循环中，只能写一条语句
   D. for 循环体语句中，可以包含多条语句，但要用花括号括起来
2. 写出 for 语句的一般形式。
3. 绘制出 for 语句的流程图。
4. 对比 for 和 while 循环，试述它们的优缺点。

（六）任务拓展

编写程序，实现智慧充电桩待机时 LED 指示灯进入由左至右、由右至左逐一往复，由中间至两边，奇数灯逐一闪烁、偶数灯逐一闪烁的变幻显示模式。

项目六 让我的单片机数字化——数组

一、项目简介

本项目在前期编程的基础上,进一步学习 C 语言中"第一个真正意义上存储数据的结构"——数组。为了便于更好地理解数组这一概念,将结合单片机中的常用元件——数码管来讲解,实现"让我的单片机数字化"。

二、项目目标

通过本项目的学习,可以掌握数码管工作的基本原理,熟悉如何通过程序编写来实现数码管的显示功能,掌握 C 语言中声明数组、初始化数组、访问数组元素的方法。

三、工作任务

根据本项目要求,将项目的主要实施过程分成以下三个任务:
① 显示字符"1"。
② 循环显示字符"0~F"。
③ 10 秒计时切换——二维数组解决法。

任务一 显示字符"1"

(一)任务描述

在数码管上显示字符"1",如图 6-1 所示。

图 6-1 数码管显示字符"1"

（二）任务目标

通过本任务的学习，使学生理解数码管显示原理，熟练掌握在数码管上显示指定字符的方法。

知识准备

半导体发光器件是数码管的一种，其基本单元是发光二极管。当向发光二极管施加正向电压时，发光二极管导通，会发出特定色彩的荧光。

常见数码管有七段数码管和八段数码管，区别在于八段数码管比七段数码管多一个用于显示小数点的发光二极管单元 DP（decimal point）。

LED 数码管的各段为 a、b、c、d、e、f、g 和 dp，如图 6-2 所示。

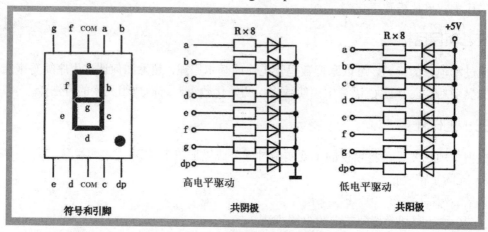

图 6-2 数码管结构原理图

共阴极结构的数码管就是将 8 个发光二极管的阴极连在一起，而阳极是独立的；共阳极结构的数码管就是将 8 个发光二极管的阳极连在一起，而阴极是独立的。

1 位数码管的 3 脚和 8 脚在内部是连在一起的，通常称为公共端 com。在各段上施加不同的电压，就可以根据要求显示 0~9 等数字或者其他特定的字符。

数码管的工作参数：正向压降一般为 1.5~2 V，额定电流为 10 mA，最大电流为 40 mA。在实际使用时，为防止烧坏数码管，一般对每段都串联一个限流电阻（300 Ω），使其工作电流为 10 mA 左右。

（三）任务实施

本任务通过各步骤的实施过程，深入理解数码管的显示原理，在理解数码管对应编码的基础上编写并测试程序。

步骤一：数码管检测

（1）判断共阴与共阳

将数字万用表置于"⇥"挡，将黑表笔（表内电池的负极）接公共端，红表笔接其余任一引脚，若数码管亮，表明被测数码管是共阴的；否则，可将两表笔交换，若数码管亮，则表明数码管为共阳的。

（2）判断数码管的好坏

若数码管为共阴管，应将数字万用表的黑表笔接其公共端，红表笔依次点触其余引脚，若各段分别显示出所对应的数码笔画，表明数码管是好的；若发光较暗，表明数码管发光效率低或已老化；若某段不亮，则表明数码管已局部损坏。如图6-3所示。

图6-3 数码管检测

步骤二：认知1位数码管模块电路原理图并正确连接

1位数码管模块电路原理图如图6-4所示，请仔细辨析各引脚编号及连接情况。

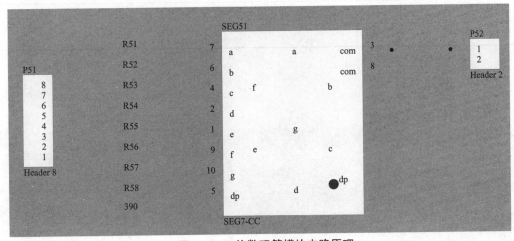

图6-4 1位数码管模块电路原理

根据电路原理图，用杜邦线搭接电路，数码管模块的I/O接口与单片机最小系统模块的P0口相连，连接V_{CC}和GND。连接效果如图6-5所示。

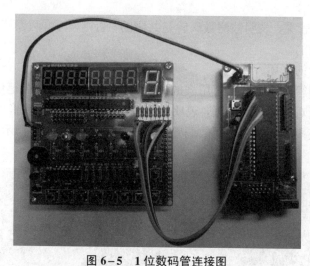

1位数码管连接图

图 6-5　1位数码管连接图

步骤三：认知所显字符"1"的编码

数码管的静态显示方法：

对于共阴极数码管，电路中一般把阴极接地。当给任意一段的阳极加载高电平时，对应的段就点亮了。如果要显示字符"1"，给 b、c 两段的阳极加高电平，其余的阳极都加低电平，就显示出字符"1"了。

而对于共阳极数码管，则应给对应段的阴极加低电平。

为了检验学习成果，请完成表 6-1。

表 6-1　所显字符"1"的编码表

类型	字符	dp	g	f	e	d	c	b	a	编码
共阴	1									
共阳	1									

步骤四：程序编写

主要程序代码如下所示：

```
#include<reg52.h>
void main()
{
    P1 = 0xF9;//显示字符1
}
```

步骤五：程序编译

编译程序，如果有警告、错误，则修改程序，重新编译。程序编写初期容易出现括号不配对、缺少";"结束符及拼写错误等常见问题。

步骤六：程序下载及功能验证

程序下载完成后，数码管上将显示字符"1"；若未按要求显示"1"，则表示实验失败，请先检查各连接线是否正确，是否存在接触不良等问题，排除以上问题后，若故障依旧，则请检查编写的程序，特别是字符编码是否有误，直至故障解决。

（四）任务评价

序号	一级指标	分值	得分	备注
1	认识数码管各引脚编号	20		
2	认识数码管各段编号	20		
3	正确说出数字 0~9 对应共阴极数码管编码	20		
4	正确说出数字 0~9 对应共阳极数码管编码	20		
5	正确编写指定数字数码管显示程序	20		
	合计	100		

（五）思考练习

1. 数码管是什么？
2. 常见的数码管有哪些种类？
3. 8 段数码管各引脚定义是什么？
4. 试列举生活中数码管常见的应用场合。
5. 共阴极数码管字符"7"对应的编码是_____。
6. 共阴极数码管编码"0x5b"对应的字符是_____。
7. 数码管显示方式一般有：_____和_____。
8. 共阳型七段数码管各段点亮需要（　　）。
   A. 高电平　　　　B. 接电源　　　　C. 低电平　　　　D. 接公共端

（六）任务拓展

编写程序，实现智慧充电桩充电时，数码管进行 60 s 倒计时显示。

任务二　循环显示字符"0~F"

（一）任务描述

在数码管上循环显示字符"0~F"，如图 6-6 所示。

图6-6 数码管显示字符"A~F"的效果

（二）任务目标

通过本任务的学习，在原有数字显示的基础上，进一步学习字符A~F的显示方法，熟练掌握在数码管上显示指定字符的方法，理解数组的相关概念，熟悉各字符对应数组的表示方法。

知识准备

C语言支持数组数据结构，它可以存储一个固定大小的相同类型元素的顺序集合。数组用来存储一系列数据，但它往往被认为是一系列相同类型的变量。

数组的声明并不是声明一个个单独的变量，比如 number0、number1、…、number99，而是声明一个数组变量，比如numbers，然后使用numbers[0]、numbers[1]、…、numbers[99]来代表一个个单独的变量。数组中的特定元素可以通过索引访问。

所有的数组都是由连续的内存位置组成的。最低的地址对应第一个元素，最高的地址对应最后一个元素。

一维数组定义格式：

类型说明符 数组名[常量表达式];

例如：

int a[5];

它表示定义了一个整型数组，数组名为a，定义的数组称为数组a。数组名a除了表示该数组之外，还表示该数组的首地址。

此时数组a中有5个元素，每个元素都是int型变量，而且它们在内存中的地址是连续分配的。也就是说，int型变量占4字节的内存空间，那么5个int型变量就占20字节的内存空间，并且它们的地址是连续分配的。

这里的元素就是变量的意思，数组中习惯上称为元素。

在定义数组时，需要指定数组中元素的个数。方括号中的常量表达式就是用来指定元素的个数的。数组中元素的个数又称为数组的长度。

数组中既然有多个元素，那么如何区分这些元素呢？方法是给每个元素编号。数组元素的编号又叫下标。

数组中的下标是从0开始的（而不是1）。那么，如何通过下标表示每个数组元素的呢？通过"数组名[下标]"的方式。例如"int a[5];"表示定义了有5个元素的数组a，这5个元素分别为 a[0]、a[1]、a[2]、a[3]、a[4]。其中 a[0]、a[1]、a[2]、a[3]、a[4]分别表示这 5 个元素的变量名。

为什么下标是从 0 开始而不是从 1 开始呢？试想，如果从 1 开始，那么数组的第 5 个元素就是 a[5]，而定义数组时，使用的是 int a[5]，两个都是 a[5]，就容易产生混淆。而下标从 0 开始就不存在这个问题了。所以，一个数组 a[n]中，最大元素的下标是 n-1，a[i]表示数组 a 中第 i+1 个元素。

另外，方括号中的常量表达式可以是"数字常量表达式"，也可以是"符号常量表达式"。不管是什么表达式，必须是常量，绝对不能是变量。通常情况下，C 语言不允许对数组的长度进行动态定义，换句话说，数组的大小不依赖程序运行过程中变量的值。非通常的情况为动态内存分配，此种情况下数组的长度就可以动态定义。

（三）任务实施

本任务通过各步骤的实施过程，使读者深入理解数码管显示字符"0~F"的基本原理，在理解数码管对应编码的基础上，掌握数组初始化及引用的方法。

步骤一：认知所显字符"0~F"的编码

之前学会了字符"1"的编码，试着思考其他字符如何编码，并请完成表 6-2。

表 6-2　所显字符"0~F"的编码表

类型	字符	dp	g	f	e	d	c	b	a	编码
共阴	0									
	1									
	2									
	3									
	4									
	5									
	6									
	7									
	8									
	9									
	A									
	B									
	C									
	D									
	E									
	F									

续表

类型	字符	dp	g	f	e	d	c	b	a	编码
共阳	0									
	1									
	2									
	3									
	4									
	5									
	6									
	7									
	8									
	9									
	A									
	B									
	C									
	D									
	E									
	F									

步骤二：硬件连接

将功能板数码管模块的 I/O 接口与核心板的 P1 口相连，连接 V_{CC} 和 GND。

步骤三：程序编写

主要程序代码如下：

```c
#include <reg52.h>

//共阳数码管编码 0~F 数组
unsigned char SEG[16]={0xc0,0xf9,0xa4,0xb0,0x99,0x92,0x82,0xf8,0x80,0x90,0x88,
0x83,0xc6,0xa1,0x86,0x8e};

//函数声明
void delay_nms(unsigned int ms);
/*****************************************
*函数名:main
*功　能:主函数
*****************************************/
```

```
void main()
{
    int j=0;
    while(1)
    {
        for(j=0;j<16;j++)
        {
            P1=SEG[j];
            delay_nms(1000);
        }
    }
}
/*******************************
*函数名:delay_nms(unsigned int ms)
*功  能:延时函数
*参  数:延时长度,单位ms
*返回值:无
********************************/
void delay_nms(unsigned int ms)
{
    unsigned int k;
    unsigned char j;
    for(k=0;k<ms;k++)
        for(j=0;j<125;j++)
            ;
}
```

小贴士

显示数字或符号时，为了方便，可以下载一个数码管计算器，在百度中搜索数码管计算器即可。此软件可以帮助用户更轻松、便捷地计算出每一个数字、字母的二进制、十进制、十六进制等数据。

步骤四：程序编译

编译程序，如果有警告、错误，则修改程序，重新编译。程序编写初期容易出现括号不配对、缺少";"结束符及拼写错误等常见问题。在数组定义方面，要特别注意下标与赋值之间的关系。

步骤五：程序下载及功能验证

程序下载完成后，数码管上将循环显示字符"0~F"；若未按要求显示，则表示实验失败，需先检查各连接线是否正确，是否存在接触不良等问题，排除以上问题后，若故障依旧，则检查编写的程序，特别是字符编码是否有误，直至故障解决。

（四）任务评价

序号	一级指标	分值	得分	备注
1	正确书写共阴极数码管字符"0~F"的编码表	20		
2	正确书写共阳极数码管字符"0~F"的编码表	20		
3	正确定义数码管字符编码数组	30		
4	正确编写指定数字数码管显示程序并完成调试	30		
	合计	100		

（五）思考练习

1. 数组是什么？
2. 一维数组的定义方法是什么？
3. 一维数组的引用方法是什么？
4. 试述数组在程序编写时的主要作用。
5. 共阴极数码管字符"b"对应的编码是_____。
6. 共阳极数码管编码"0xa1"对应的字符是_____。
7. 在 C 语言中，一维数组的定义方式为：类型说明符　数组名 _____。
8. 以下对一维数组 a 的定义中，正确的是（　　）。
   A. char a(10);　　　B. int a[0…100];　　　C. int a[5];　　　D. int k = 10;int a[k];

（六）任务拓展

编写程序，实现智慧充电桩运行信息提示码的显示。例如，A01 代表待机状态；A02 代表充电状态；A03 代表充电结束状态；B01 代表费用结算状态；B02 代表费用结算完成；E01 代表输入电压不足；E02 代表输出电压不足；E03 代表无电压输出；E04 代表负载超限；E05 代表散热器工作不正常。

任务三　10 秒计时切换——二维数组解决法

（一）任务描述

在数码管上依次显示字符"0~A"，再由"A"变为 0。

（二）任务目标

通过本任务的学习，在已掌握的各类字符显示方法及一维数组的基础之上，进一步理解二维数组的相关概念，并通过二维数组的方法实现显示内容的转换。

知识准备

在实际问题中，有很多数据是二维的或多维的，因此 C 语言允许构造多维数组。多维数组元素有多个下标，以确定它在数组中的位置。本任务只介绍二维数组，多维数组可由二维数组类推得到。

（1）二维数组的定义

二维数组定义的一般形式是：

```
类型说明符 数组名[常量表达式1][常量表达式2];
```

例如：

```
int b[3][4];
```

定义二维数组 b 为 3×4（3 行 4 列），数组元素为 int 型。

（2）二维数组元素的引用

二维数组元素的表示形式为：

```
数组名[下标1][下标2];
```

下标可以是整型常量，或者是整型表达式。

（3）二维数组元素的初始化

方法一：按行赋初始值。

```
int b[3][2]={{1,2},{3,4},{5,6}};
```

方法二：可将所有数据写在一个大括号中，按数组排列的顺序对元素赋初始值。

```
int b[3][2]={1,2,3,4,5,6};
```

方法三：可以部分赋初始值。

```
int b[3][2]={{1},{3,4},{6}};
```

方法四：如果对全部元素都赋初始值，则在定义二维数组时，可以不指定第一维的长度，但第二维的长度不能省略，第一维的 [ ] 也不能省略。

```
int b[ ][2]={1,2,3,4,5,6};
```

等价于

```
int b[3][2]={1,2,3,4,5,6};
```

（三）任务实施

本任务通过各步骤的实施过程，深入理解二维数组定义、初始化和引用，并在此基础上探讨多维数组的初始化及引用的方法。

步骤一：确定所需显示内容的编码

之前学会了字符 0~F 的编码，试着思考本任务显示内容如何编码，并请完成表 6-3。

表 6-3 0~F 对应编码表

	0	1	2	3	4	5	6	7	8	9	A
编码											
	A	9	8	7	6	5	4	3	2	1	0
编码											

步骤二：硬件连接

将功能板数码管模块的 I/O 接口与核心板的 P1 口相连，连接 V_{CC} 和 GND。

步骤三：程序编写

运用工程化思想编写如下代码：

main.c

```c
#include <reg52.h>
#include <delay.h>

//共阳数码管编码 0~A，A~0 数组
unsigned char SEG[2][11] = {{ 0xc0,0xf9,0xa4,0xb0,0x99,0x92,0x82,0xf8,0x80,0x90,
0x88},{ 0x88,0x90,0x80,0xf8,0x82,0x92,0x99,0xb0,0xa4,0xf9,0xc0}};

/*******************************
*函数名：main
*功  能：主函数
********************************/
void main()
{
    int j=0;
    while(1)
    {
        for(j=0;j<11;j++)
        {
            P1=SEG[0][j];
            delay_nms(1000);
        }
```

```
            for(j=0;j<11;j++)
            {
                P1=SEG[1][j];
                delay_nms(1000);
            }
        }
}
```

delay.h

```
#ifndef  __DELAY_H__
#define  __DELAY_H__

void delay_nms(unsigned int ms);

#endif
```

delay.c

```
/*******************************
*函数名：delay_nms(unsigned int ms)
*功  能：延时函数
*参  数：延时长度，单位ms
*返回值：无
********************************/
void delay_nms(unsigned int ms)
{
    unsigned int k;
    unsigned char j;
    for(k=0;k<ms;k++)
        for(j=0;j<125;j++)
            ;
}
```

小贴士

数组的特点是快，但在使用中务必注意初始化，否则，可能会得到不可预测的结果。数组中数据类型必须统一，调用时只能使用数字下标方法调用，这对代码中语义的表达是不利的，也就是说，代码的可读性会降低，并且还要记住各维度表示的意思，如果是多人协作，会造成很大的交流成本，在实际应用中往往使用一维数组来解决问题，能不用二维数组就不用。

步骤四：程序编译

编译程序，如果有警告、错误，则修改程序，重新编译。程序编写初期容易出现括号不配对、缺少";"结束符及拼写错误等常见问题。在数组定义方面要特别注意下标与赋值之间的关系。

步骤五：程序下载及功能验证

程序下载完成后，数码管上将循环显示字符"0～A、A～0"；若未按要求显示，则表示实验失败，请先检查各连接线是否正确，是否存在接触不良等问题，排除以上问题后，若故障依旧，则检查编写的程序，特别是字符编码是否有误，直至故障解决。

（四）任务评价

序号	一级指标	分值	得分	备注
1	正确书写共阴极数码管显示字符编码表	30		
2	正确定义数码管字符编码数组	30		
3	正确编写指定数字数码管显示程序并完成调试	40		
	合计	100		

（五）思考练习

1. 二维数组初始化方式有_____。
2. 在 C 语言中，二维数组的定义方式为_____。
3. 以下对二维数组 a 进行正确初始化的是（   ）。
   A. int a[2][3] = { 1,2},{3,4},{5,6} };   B. int a[][3] = {1,2,3,4,5,6 };
   C. int a[2][] = {1,2,3,4,5,6};   D. int a[2][] = {{1,2},{3,4} };
4. 在定义 int a[5][4];之后，对 a 的引用正确的是（   ）。
   A. a[2][4]   B. a[1,3]   C. a[4][3]   D. a[5][0]
5. 执行语句 int a[][3] = { 1,2,3,4,5,6};后,a[1][0]的值是（   ）。
   A. 4   B. 1   C. 2   D. 5

项目七 让我的单片机智能化——函数

一、项目简介

小到手表、收音机、电脑，大到火车、飞机、航母，都包含了许多元器件——相对独立的模块，它们可以分别被维修、更新或替换，而不影响其他部分。

类似地，在程序中也可以制造和使用自己的"元器件"——功能相对独立的模块——函数。一个个函数可以被看作是"蒙着面干活"的黑箱，它们分别用于实现不同的功能，并随时听候我们调用。

有了函数，不仅可大大简化编程的复杂度，还可以使程序逻辑更为清晰。

函数能够实现 C 语言的模块化程序设计，通过函数，可以让单片机智能化运行。

二、项目目标

本项目为 C 语言的模块化程序设计，将相对独立的功能用函数来实现。要求了解 C 语言中函数的概念，掌握函数的定义方法、函数的参数、函数的调用方法、函数的原型与声明。

三、工作任务

根据本项目的要求，以任务驱动的方式，用函数实现模块化程序设计。
① 用有参函数控制 LED 闪烁速度。
② 按键识别功能模块的函数实现。
③ 按键控制 LED 流水灯速度。

四、知识准备

1. 函数概述

在设计一个较大的程序时，往往分为若干个程序模块，每一个模块包括一个或多个函数。一个 C 语言程序可以由一个主函数和若干个其他函数构成。由主函数调用其他函数，其他函数再调用别的函数。程序中函数调用的示意图如图 7-1 所示。

C 语言的函数有以下特点：
① C 语言程序由函数组成，包括一个主函数 main()和若干其他函数。

C 程序的执行是由 main()函数开始的，如果在 main()

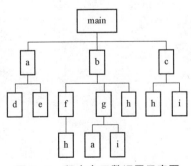

图 7-1 程序中函数调用示意图

函数中调用其他函数，在调用后，返回至 main()函数，在 main()函数中结束整个程序的运行。

② 函数之间是调用的关系，调用某函数的函数称为主调函数，被调用的函数称为被调函数，如图 7-2 所示。

图 7-2　函数调用示意图

主函数可以调用其他函数，其他函数可以相互调用，但主函数不能被其他函数调用。

③ 一个 C51 程序由一个或多个文件构成。

④ 每个函数都是平行的，任何函数都不从属于其他函数。

⑤ 从用户角度，函数可以分为：

☆标准函数，即库函数，是由系统提供的，用户不必自己定义，可以直接使用的函数。

☆用户自定义的函数，是用于解决用户特定需要的函数。

⑥ 根据函数形式，函数可以分为：

☆无参函数。

☆有参函数。

⑦ 根据函数有无返回值，函数可以分为：

☆有返回值函数。

☆无返回值函数。

2. 函数定义

在 C 语言中，在程序中用到的函数必须"先定义，后使用"。

定义函数时，应该包括以下四项内容：

① 指定函数的名字，以便以后按名字调用。

② 指定函数的类型，即函数返回值的类型。

③ 指定函数的参数的类型和名字，在调用函数时，向它们传递数据。无参函数调用时，不需要这项。

④ 指定函数的功能。这是函数体要实现的。

3. 定义函数的一般形式

```
函数类型 函数名(参数类型1 参数名1,参数类型2 参数名2,...)
{
    变量声明;
    语句1;           ⎫
    语句2;           ⎬ 函数体
    ...             ⎭
}
```

函数的定义由两部分组成：

① 头部（第一行）。头部给出了函数名，还规定了函数的返回值类型，以及各个参数的

类型和参数名。

② 函数体。即头部下面用{ }包起来的语句,用于实现函数的功能。函数体包括声明部分和语句部分。

函数根据有无参数,可分为无参数函数和有参数函数。

4. 无参数函数定义的一般形式

```
函数类型 函数名( )
{
    变量声明;
    语句1;
    语句2;
    ...
}
```

5. 有参数函数定义的一般形式

```
函数类型 函数名(参数类型1 参数名1,参数类型2 参数名2,... )
{
    变量声明;
    语句1;
    语句2;
    ...
}
```

6. 空函数

```
void 函数名()
{
}
```

空函数什么工作也不做,没有任何实际作用。其用途是先分配好函数名,等以后扩充函数功能时补上函数体、参数、类型。

小贴士

之前学习过的项目任务中的C语言语句都可以写在函数体中,实现各个项目任务功能的模块化。

C语言中各个函数是相互独立的。函数的定义不能嵌套,在一个函数体内部不允许再定义另外一个函数。

例如,下面的函数定义是错误的:

```
void main()
{
```

```
    ...
    void delay(unsigned int ms)
    {
        unsigned int i;
        unsigned char j;
        for(i=0;i<ms;i++)
            for(j=0;j<125;j++)
                ;
    }
    ...
}
```

正确的写法是：

```
void delay(unsigned int ms)
{
    unsigned int i;
    unsigned char j;
    for(i=0;i<ms;i++)
        for(j=0;j<125;j++)
            ;
}
void main()
{
    ...
    ...
}
```

关于函数定义的说明：

① 函数类型。

定义函数时，函数类型应写在函数名之前，其规定了函数返回值的数据类型。函数类型可以是 int、long、short、float、char 等。如果不写函数类型，默认是 int 型。

如果要规定函数没有返回值，函数类型应使用关键字 void，而不能省略。

例如，下面定义的 ledOff() 函数的功能是熄灭所有 LED 灯，该函数不需要返回值，可以定义为：

```
void ledOff()
{
    P1 = 0xFF;
}
```

② 函数名。

函数名必须符合 C 语言的标识符命名规则。最好给函数取一个"见名知意"的名字。一个好的函数名能够反映该函数的功能。

例如：

ledOff，熄灭所有 LED 灯；

ledOn，点亮所有 LED 灯。

③函数名后的()必不可少，即使函数没有参数。如果少了()，那么就不是函数定义了。

7．函数的参数

一个程序由若干个函数组成，各函数调用时，经常要传递一些数据，即调用函数把数据传递给被调用函数，经过被调用函数处理后，得到一个确定的结果，在返回调用函数时，将结果带回调用函数，如图 7-3 所示。

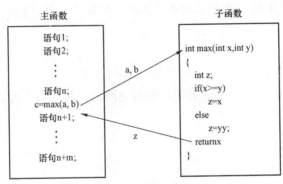

图 7-3　函数参数传递

各函数之间的数据往来通过参数传递和返回语句实现。

8．形式参数和实际参数

函数参数：用于函数之间数据的传递。

形式参数：定义函数时给出的参数。

实际参数：调用函数时给出的参数。

说明：

① 定义函数时，必须说明形参的类型。形参只能是变量，不能是常量或表达式。

② 子函数被调用之前，形参和子函数中的变量不占内存；调用结束并返回后，形参所占的内存被收回。

③ 实参可以是常量、变量或表达式，因为传递过来的是具体数值。

④ 实参和形参类型必须一致（或可以安全转换）。

⑤ C 语言中，实参和形参传递是"按值传递"，即单向传递，只与参数相对位置有关，而与变量名无关。

9. 函数值

函数值也就是函数的返回值，是一个具体的值。

说明：

① 函数使用 return 语句返回值。

② 一个函数内可以有多个 return 语句，执行到任何 return 语句时，函数都将立即返回到调用函数。

③ return 后面的()可以省略，可以返回一个表达式，先求解表达式的值，再返回。

（1）函数值的类型

说明：

① 函数值的类型即函数的类型。

例如，函数 max 是 int 型，函数的返回值也是 int 型。

② 省略了类型说明的函数，默认是 int 型。

③ return 中表达式的值一般和函数类型相同，如果不一致，则需要进行类型转换。

（2）无返回值

说明：

① 如果函数中没有 return 语句，可以使用 void 类型。

② 如果一个函数被声明为 void 类型，没有返回值，那么就不允许再引用它的返回值，只能单纯地调用它。

10. 函数调用

（1）函数语句

形式为：

```
函数(实参列表);
```

例如：

```
printMessage();
```

说明：

这种方式不要求函数带返回值，函数只执行一定操作。

（2）函数表达式

函数的返回值参与运算。

例如：

```
m = max(a,b);
m = 3 * max(a,b);
```

说明：

void 类型函数不能使用这种调用方式。

（3）函数调用的执行过程

① 计算实参表达式的值。

② 按照位置，将实参的值一一传递给形参。

③ 执行被调用函数。

④ 当遇到 return（表达式）语句时，计算表达式的值并返回调用函数。

11. 函数原型

在程序中调用函数需满足以下条件：
① 被调用函数必须存在，并且遵循"先定义，后使用"的原则。
② 如果被调用函数在主调函数之后定义，则在调用之前需要给出原型说明。
原型说明：

类型说明 函数名(参数类型,参数类型…)；

任务一　用有参函数控制 LED 灯的闪烁速度

（一）任务描述

通过用有参函数控制 LED 灯的闪烁速度，初步学会 LED 灯的闪烁速度的变换控制：
① 定义有参数的延时函数。
② 调用延时函数，并传入实际参数。
③ 实现对 LED 灯的闪烁速度的控制。

（二）任务目标

设计带有参数的时间延时函数，在主函数中进行调用，并传入实参，以控制 LED 灯的闪烁速度。

（三）电路连接准备

在本任务中，使 LED 灯的控制接口连接 51 单片机的 P0 口，连接线示意图如图 7-4 所示。注意：连接功能板上的电源 V_{CC} 和 GND 至 51 单片机核心板的 V_{CC} 和 GND 端口。

（四）任务实施

步骤一：创建 51 单片机的 C 语言工程

① 在 D 盘下创建文件夹，命名为"LED 闪烁速度"。
② 启动 Keil，创建工程，命名为"LED 闪烁速度"，并把工程存放至"D:\LED 闪烁速度"文件夹下，如图 7-5 所示。工程创建完成后，如图 7-6 所示。

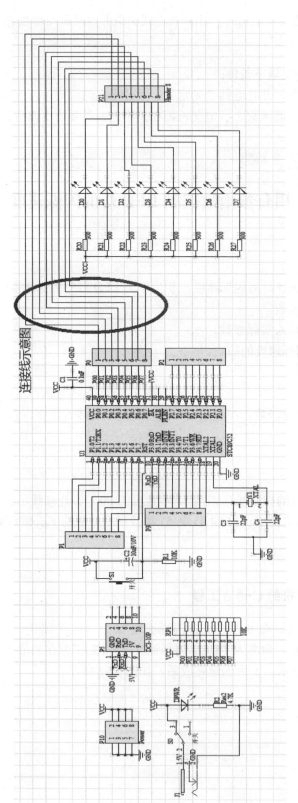

图 7-4　电路连接示意图

项目七 让我的单片机智能化——函数

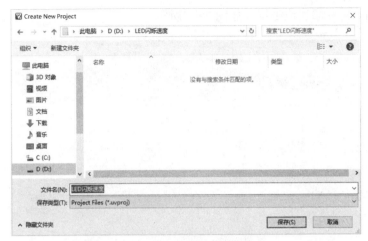

图 7-5 设置工程路径

图 7-6 创建工程完成

步骤二：创建 C 语言源程序文件 main.c，并添加到工程中

① 创建 main.c 文件，如图 7-7 所示。

图 7-7 创建 main.c 文件

145

② 将 main.c 文件添加至工程，如图 7-8 所示。

图 7-8 将 main.c 文件添加至工程

步骤三：编写 C 语言源程序

编写 C 语言源程序，如图 7-9 所示。

```
*功  能：延时函数
*参  数：unsigned int ms，延时时长，单位ms
*返回值：无
***************************************/
void delay(unsigned int ms)
{
    unsigned int j;
    unsigned char k;
    for(j=0;j<ms;j++)
        for(k=0;k<125;k++)
            ;
}
/*****************************************
*函数名：main
*功  能：主函数
*参  数：无
*返回值：无
*****************************************/
int main()
{
    while(1)
    {
        P0 = 0x00;    //点亮LED
        delay(1000);  //函数调用，延时1000ms
        P0 = 0xFF;    //灭LED
        delay(1000);
    }
    return;
}
```

图 7-9 编写 C 语言源程序

```c
/******************************络
*功能:用有参函数控制LED灯的闪烁速度
*作者:***
*日期:2019-7-16 V1.0
***********************************/
//包含相应的头文件
#include <reg52.h>

/***********************************
*函数名:delay
*功　能:延时函数
*参　数:unsigned int ms,延时时长,单位ms
*返回值:无
***********************************/
void delay(unsigned int ms)
{
    unsigned int j;
    unsigned char k;
    for(j=0;j<ms;j++)
        for(k=0;k<125;k++)
        ;
}
/***********************************
*函数名:main
*功　能:主函数
*参　数:无
*返回值:无
***********************************/
int main()
{
    while(1)
    {
        P0 = 0x00;      //点亮LED灯
        delay(1000);    //函数调用,延时1000ms
        P0 = 0xFF;      //熄灭LED灯
        delay(1000);
    }
    return;
}
```

步骤四：编译程序

① 编译程序。如果有警告、错误，则修改程序，重新编译，如图7-10所示。

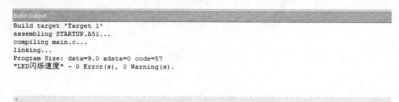

图7-10　程序编译结果

② 配置工程属性，生成HEX文件，如图7-11所示。

图7-11　程序编译，生成HEX文件

步骤五：写入单片机

把生成的HEX文件写入单片机，观察现象，验证功能，并进行成果展示。

（五）任务评价

序号	一级指标	分值	得分	备注
1	单片机C语言工程	10		
2	C语言源文件创建与添加至工程	10		
3	C语言源程序编程 有参延时函数编程 有参函数调用	40		
4	源程序调试与生成HEX文件	20		
5	写入单片机，验证功能，成果展示	20		
	合计	100		

（六）思考练习

1. C语言规定，在一个源程序中，main函数的位置（　　　）。

A. 必须在最开始　　　　　　　　B. 必须在系统调用的库函数的后面

C. 可以任意　　　　　　　　　　D. 必须在最后

2. 从用户角度，函数可以分为_____和_____。
3. 根据有无参数形式，函数可以分为_____和_____。
4. 根据有无返回值，函数可以分为_____和_____。

（七）任务拓展

根据任务一的程序设计方法，思考以下情景任务的实现方法，并进行编程实现。
1. 如何加快 LED 灯的闪烁速度？
2. 如何减慢 LED 灯的闪烁速度？
3. 如何实现 LED 灯亮的时间长、灭的时间短？
4. 如何把 LED 灯的闪烁部分的功能用一个函数来实现？

任务二　按键识别功能模块的函数实现

（一）任务描述

通过按键识别功能模块的函数实现，进一步掌握函数的定义与调用：
① 定义按键识别函数。
② 调用按键识别函数，获得返回值。
③ 定义数码管的显示函数，用于显示按键识别函数的返回值。

（二）任务目标

设计带有参数的数码管的显示函数，在主函数中进行调用，显示传入的参数值；设计带有返回值的按键识别函数，在主函数中进行调用，以指示哪个按键按下。

（三）电路连接准备

在本任务中，实现一位数码管控制接口连接单片机的 P2 口，按键 K0～K7 连接单片机的 P1 口，连接线示意图如图 7-12 所示。注意：连接功能板上的电源 V_{CC} 和 GND 至 51 单片机核心板的 V_{CC} 和 GND 端口。

（四）任务实施

步骤一：创建 51 单片机的 C 语言工程

① 在 D 盘下创建文件夹，命名为"按键识别"。
② 启动 Keil，创建工程，命名为"按键识别"，并把工程存放至"D:\按键识别"文件夹下，如图 7-13 所示。工程创建完成后，如图 7-14 所示。

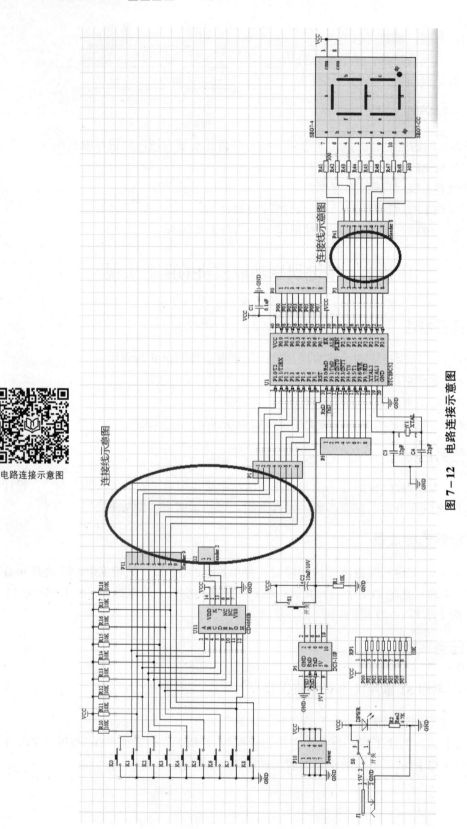

图 7-12 电路连接示意图

项目七 让我的单片机智能化——函数

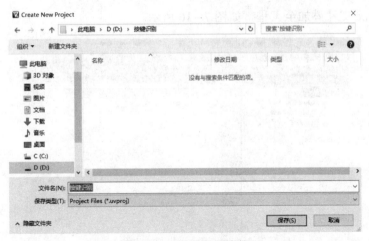

图 7–13 设置工程路径

图 7–14 工程创建完成

步骤二：创建 C 语言源程序文件 main.c，并添加到工程中

① 创建 main.c 文件，如图 7–15 所示。

图 7–15 创建 main.c 文件

② 将 main.c 文件添加至工程，如图 7-16 所示。

图 7-16　将 main.c 文件添加至工程

步骤三：编写 C 语言源程序

编写 C 语言源程序，如图 7-17 所示。

```
int main()
{
    int key = 0;
    while(1)
    {
        key = keyScan();
        if(key > 0)
        {
            smgShow(key);
        }
    }
}
/****************************************************
 * 函数名：KeyScan
 * 功　能：独立按键识别
 * 参　数：无
 * 返回值：为0时表示没有按键按下，
 *        1: K0; 2: K1; 3: K2; 4: K3;
 *        5: K4; 6: K5; 7: K6; 8: K7
 ****************************************************/
void smgShow(int n)
{
    if((n>=0)&&(n<=15))
    {
        P1 = SEG[n];
    }
}
/****************************************************
 * 函数名：keyScan
 * 功　能：独立按键识别
```

图 7-17　编写 C 语言源程序

```
/*******************************
*功能:按键识别功能模块的函数实现
*作者:***
*日期:2019-7-16 V1.0
********************************/
//包含相应的头文件
#include <reg52.h>

//共阳数码管0~F段码
unsigned char SEG[16] = {0xc0,0xf9,0xa4,0xb0,0x99,0x92,0x82,0xf8,
                         0x80,0x90,0x88,0x83,0xc6,0xa1,0x86,0x8e};

//函数原型声明
int keyScan();
void smgShow(int n);

int main()
{
    int key = 0;
    while(1)
    {
        key = keyScan();
        if(key > 0)
        {
            smgShow(key);
        }
    }
}
/*************************************************
* 函数名:smgShow
* 功  能:数码管显示
* 参  数:int n,待显示的值
* 返回值:无
**************************************************/
void  smgShow(int n)
{
    if((n>=0)&&(n<=15))
    {
```

```
        P1 = SEG[n];
    }
}
/***********************************************
* 函数名:keyScan
* 功  能:独立按键识别
* 参  数:无
* 返回值:int,为0时表示没有按键按下,
        1:K0;2:K1;3:K2;4:K3;
        5:K4;6:K5;7:K6;8:K7
***********************************************/
int keyScan()
{
    int KEY=0;
    //按键识别
    if(P2&0x01 == 0x01)
        KEY=1;
    else if(P2&0x02 == 0x02)
        KEY=2;
    else if(P2&0x04 == 0x04)
        KEY=3;
    else if(P2&0x08 == 0x08)
        KEY=4;
    else if(P2&0x10 == 0x10)
        KEY=5;
    else if(P2&0x20 == 0x20)
        KEY=6;
    else if(P2&0x40 == 0x40)
        KEY=7;
    else if(P2&0x80 == 0x80)
        KEY=8;
    return KEY;
}
```

步骤四：编译程序

编译程序，如果有警告、错误，则修改程序，重新编译，如图7-18所示。

```
Build Output
Build target 'Target 1'
assembling STARTUP.A51...
compiling main.c...
linking...
Program Size: data=27.0 xdata=0 code=306
"按键识别" - 0 Error(s), 0 Warning(s).
```

图 7-18　程序编译结果

配置工程属性，生成 HEX 文件，如图 7-19 所示。

```
Build Output
Build target 'Target 1'
assembling STARTUP.A51...
compiling main.c...
linking...
Program Size: data=27.0 xdata=0 code=306
creating hex file from "按键识别"...
"按键识别" - 0 Error(s), 0 Warning(s).
```

图 7-19　程序编译，生成 HEX 文件

步骤五：写入单片机

把生成的 HEX 文件写入单片机，观察现象，验证功能，并进行成果展示。

（五）任务评价

序号	一级指标	分值	得分	备注
1	单片机 C 语言工程	10		
2	创建 C 语言源文件并添加至工程	10		
3	C 语言源程序编程 有参数码管显示函数编程 有返回值按键识别函数编程 有参函数和有返回值函数调用	40		
4	源程序调试与生成 HEX 文件	20		
5	写入单片机，验证功能，成果展示	20		
	合计	100		

（六）思考练习

1. C 语言中函数返回值的类型由（　　）决定。

A. return 语句中的表达式类型

B. 调用该函数的主调函数的类型

C. 调用函数时临时

D. 定义函数时所指定的函数类型

2. C语言允许函数值类型缺省定义，此时该函数值默认的类型是_____。

（七）任务拓展

根据任务二的程序设计方法，思考以下情景任务实现方法，并进行编程实现。
1. 按键识别判断是否还有其他的方法？
2. 如何重新设计按键识别的返回值？
3. 假设按键识别值是3~10，数码管上怎么显示对应的按键？

任务三　按键控制LED流水灯速度

（一）任务描述

通过按键控制LED流水灯速度，进一步掌握函数的定义、调用与参数传递。
① 定义有参数的流水灯函数。
② 调用按键识别函数，K0加快流水灯速度，K1减慢流水灯速度。
③ 调用LED流水灯函数，并传入实际参数，实现对LED流水灯速度的控制。

（二）任务目标

设计带有参数的LED流水灯函数和按键识别函数，在主函数中进行调用，K0加快流水灯速度，K1减慢流水灯速度，更新延时参数，并传入LED流水灯函数，以控制LED流水灯速度。

（三）电路连接准备

在本任务中，使LED流水灯的控制接口连接51单片机的P0口，按键K0~K7连接单片机的P1口，连接线示意图如图7-20所示。注意：连接功能板上的电源V_{CC}和GND至51单片机核心板的V_{CC}和GND端口。

（四）任务实施

步骤一：创建51单片机的C语言工程

① 在D盘下创建文件夹，命名为"流水灯速度"。
② 启动Keil，创建工程，命名为"流水灯速度"，并把工程存放至"D:\流水灯速度"文件夹下，如图7-21所示。工程创建完成后，如图7-22所示。

步骤二：创建C语言源程序文件main.c，并添加到工程中

① 创建main.c文件，如图7-23所示。

项目七 让我的单片机智能化——函数

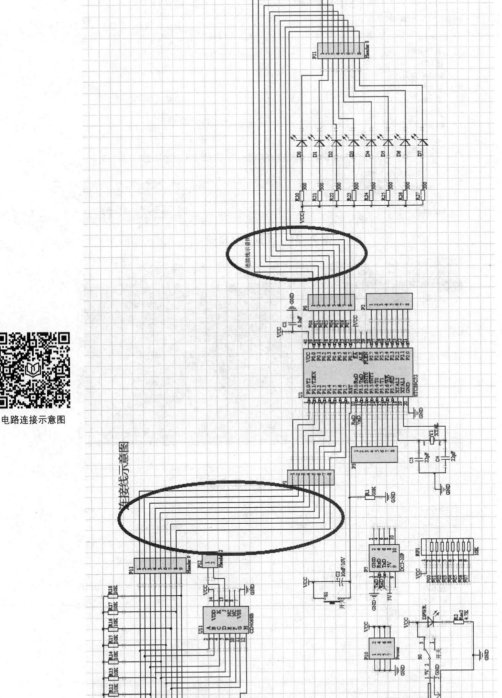

图7-20 电路连接示意图

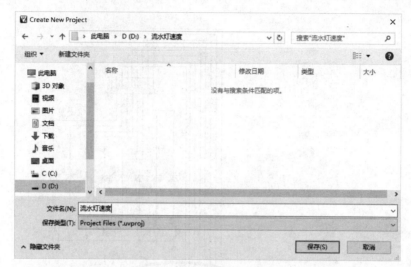

图 7-21　设置工程路径

图 7-22　工程创建完成

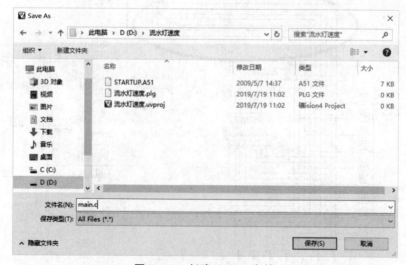

图 7-23　创建 main.c 文件

② 将 main.c 文件添加至工程，如图 7-24 所示。

图 7-24 将 main.c 文件添加至工程

步骤三：编写 C 语言源程序

编写 C 语言源程序，如图 7-25 所示。

```
int main()
{
    int key = 0;
    int s = 0;//用于流水灯速度改变
    while(1)
    {
        key = keyScan();
        if(key == 1)
            s--;
        if(key == 2)
            s++;
        liuShuiDeng(s);
    }
}
/*************************************************
* 函数名：liuShuiDeng
* 功  能：流水灯函数
* 参  数：int n,控制流水灯速度
* 返回值：无
*************************************************/
void liuShuiDeng(int n)
{
    int j=0;
    int m = 1000;
    m = m + n*100;
    //限定m的范围100~3000
    if(m <= 100)
        m = 100;
    if(m > 3000)
        m =3000;
    for(j=0;j<8;j++)
    {
        P0 = P0 << 1;
        delay(m);
    }
```

图 7-25 编写 C 语言源程序

```c
/*******************************
*功能:按键识别功能模块的函数实现
*作者:***
*日期:2019-7-16 V1.0
********************************/
//包含相应的头文件
#include <reg52.h>

//共阳数码管 0~F 段码
unsigned char SEG[16] = {0xc0,0xf9,0xa4,0xb0,0x99,0x92,0x82,0xf8,
                         0x80,0x90,0x88,0x83,0xc6,0xa1,0x86,0x8e};

//函数原型声明
int keyScan();
void smgShow(int n);

int main()
{
    int key = 0;
    while(1)
    {
        key = keyScan();
        if(key > 0)
        {
            smgShow(key);
        }
    }
}
/***********************************************
* 函数名:smgShow
* 功  能:数码管显示
* 参  数:int n,待显示的值
* 返回值:无
************************************************/
void smgShow(int n)
{
    if((n>=0)&&(n<=15))
    {
```

```
        P1 = SEG[n];
    }
}
/***********************************************
* 函数名:keyScan
* 功  能:独立按键识别
* 参  数:无
* 返回值:int,为0时表示没有按键按下,
         1:K0;2:K1;3:K2;4:K3;
          5:K4;6:K5;7:K6;8:K7
***********************************************/
int keyScan()
{
    int KEY=0;
    //按键识别
    if(P2&0x01 == 0x01)
        KEY=1;
    else if(P2&0x02 == 0x02)
        KEY=2;
    else if(P2&0x04 == 0x04)
        KEY=3;
    else if(P2&0x08 == 0x08)
        KEY=4;
    else if(P2&0x10 == 0x10)
        KEY=5;
    else if(P2&0x20 == 0x20)
        KEY=6;
    else if(P2&0x40 == 0x40)
        KEY=7;
    else if(P2&0x80 == 0x80)
        KEY=8;
    return KEY;
}
```

步骤四：编译程序

编译程序，如果有警告、错误，则修改程序，重新编译，如图7-26所示。

```
Build Output
Build target 'Target 1'
assembling STARTUP.A51...
compiling main.c...
linking...
Program Size: data=17.0 xdata=0 code=304
"流水灯速度" - 0 Error(s), 0 Warning(s).
```

图 7−26 程序编译结果

配置工程属性，生成 HEX 文件，如图 7−27 所示。

```
Build Output
Build target 'Target 1'
assembling STARTUP.A51...
compiling main.c...
linking...
Program Size: data=17.0 xdata=0 code=304
creating hex file from "流水灯速度"...
"流水灯速度" - 0 Error(s), 0 Warning(s).
```

图 7−27 程序编译，生成 HEX 文件

步骤五：写入单片机

把生成的 HEX 文件写入单片机，观察现象，验证功能，并进行成果展示。

（五）任务评价

序号	一级指标	分值	得分	备注
1	单片机 C 语言工程	10		
2	创建 C 语言源文件，并添加至工程	10		
3	C 语言源程序编程 有参流水灯函数编程 有返回值按键识别函数调用	40		
4	源程序调试与生成 HEX 文件	20		
5	写入单片机，验证功能，成果展示	20		
	合计	100		

（六）思考练习

1. 以下函数定义形式中，正确的是（   ）。

   A. int fun(int x,int y){}   B. int fun(int x:int y)

   C. int fun(int x,int y);   D. int fun(int x,y)

2. C 语言规定，简单变量做实参时，它和对应形参之间的数据传递方式是（   ）。

   A. 地址传递

   B. 单向值传递

   C. 由实参传给形参，再由形参传回给实参

   D. 由用户指定传递方式

（七）任务拓展

根据本任务的程序设计方法，思考以下情景任务实现方法，并进行编程实现。
1. 如何实现按键 K0～K3 加快流水灯速度？
2. 如何实现按键 K4～K7 减慢流水灯速度？
3. 如何实现更快地改变流水灯速度？

项目八 让我的单片机炫起来——结构体

一、项目简介

指针是 C 语言中的一个重要概念，也是 C 语言的精华之一。指针是 C 语言程序设计的一个强大工具，正确灵活的运用指针，能够使程序简洁、高效。

本项目通过 3 个任务的学习与实践，逐步掌握指针的相关知识，让单片机功能炫起来。

二、项目目标

本项目通过 3 个任务，学习 C 语言中的指针。要求掌握的内容包括：

① 掌握指针的概念，定义和使用指针变量。
② 掌握指针与数组的关系，指针与数组有关的算术运算、比较运算。
③ 掌握字符串指针的用法。

三、工作任务

根据本项目的要求，以任务驱动的方式，用指针实现 C 语言程序的灵活设计。

① 认识指针。
② 让"多彩报警灯"炫起来。
③ 输出字符串"Huawei"。

任务一 认识指针

（一）任务描述

通过指针变量的定义与赋值和指针变量的引用与交换两个任务实施，初步认识和掌握指针变量的概念、定义、赋值和引用。

① 指针的基本概念。
② 指针变量的定义与赋值。
③ 指针变量的引用与交换。

（二）任务目标

通过指针变量的定义与赋值和指针变量的引用与交换两个任务实施，初步掌握指针变量的概念、定义、赋值和引用等内容。

(三) 知识准备

"编号"是人们常用的方法。比如超市的存包柜有箱子号、多媒体厅座位有座位号、楼房房间有房间号、书本每页有一个页码编号……通过编号可以准确找到位置。

计算机内存可以有很多字节，比如 STC89C52 单片机有 512 字节。人们使用为事物编号的方法为计算机内存的每个字节编号，以便管理内存中的字节。把第一个字节编为 0 号，第二个字节遍为 1 号，……，最后一个字节编为 511 号，如图 8-1 所示。

计算机内存中的每个字节有一个编号，这就是地址，相当于教室的房间号。通过地址能够找到所需的变量单元，即地址指向该变量单元。因此，将地址形象化地称为"指针"。

那么什么是指针呢？指针就是地址，地址就是编号，就是内存中字节的编号。

变量位于内存中，例如定义变量

```
int a;
```

则变量 a 要占用内存中的两个字节（在 Keil 4 环境中）。

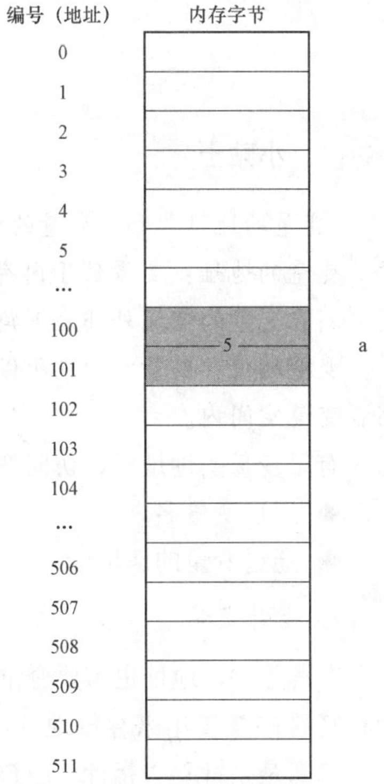

变量 a 要占用的字节由计算机分配，在不同的计算机上运行程序，或在同一计算机的不同时刻运行程序，变量被分配的位置也不相同。然而，位置是可以假设的，假设变量 a 占据了内存中编号为 100 和 101 的两个字节，则这两个字节就被标记名称为"a"，如图 8-1 所示。

图 8-1 计算机内存中的字节也有编号

用变量 a 保存一个整数，就是用这两个字节保存一个整数。

例如，执行语句

```
a=5;
```

则 5 被保存到这两个字节中（转换为二进制形式），如图 8-2 所示。

如果学生处位于办公楼的 202，称为学生处的地址是 202。如果学生处比较大，占用了 202、203 两间房间，习惯上仍称学生处的地址为 202，即取第一间房间的编号为地址。对于变量 a，它占用了编号为 100 和 101 的两个字节，则变量 a 的地址为 100，即取它的第一个字节的编号作为变量的地址。注意：变量 a 的地址为 100，而变量 a 不只占了编号为 100 的这一字节。

在分析程序时，可以采用如图 8-2 所示的方式，在变量空间的左下角写出变量的地址就可以了。

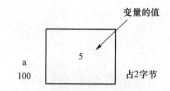

图 8-2 带地址的变量空间表示

"变量的地址"和"变量的值"是两个不同的概念：

变量的地址：变量位于内存中的"门牌号"，即编号，在程序运行过程中，地址永久不变。写在变量的空间外部左下角。

变量的值：变量空间中所保持的数据内容，在程序运行期间，变量的值是可以改变的。写在变量空间内。

有了变量的地址后，访问变量有两种方式：

◆ 通过变量名。

◆ 通过变量的地址。

1. 指针变量

在程序中，地址也需要变量来保存，然而地址不能被保存在普通变量中，C语言提供了一种特殊的变量用来存放地址，这种变量称为指针变量，指针变量也可以简称为指针。

什么是指针？"指针"应该包含两个意思：一是地址，二是指针变量。

2. 定义指针变量

例如，定义整型变量 a，并赋初值 5：

int a=5;

定义指针变量，只需在变量名前加*号：

int *p;

定义指针变量的一般形式为：

类型名 *指针变量名;

*号是一个标志，有了*号才表示所定义的是指针变量，才能保存地址；否则，p 就是一个普通的 int 型变量，只能保存普通的 int 型数据，不能保存地址。

注意：指针变量的定义形式：

① 变量名是 p，而不是*p。

② 变量 p 的类型是 int *，而不是 int。

int *类型表示指针变量 p 所指向的数据的类型是 int 型，也就是 p 要保存一个地址，而这个地址必须是一个 int 型数据的地址。

指向整型数据的指针类型表示为 int *，读作指向 int 的指针，简称为 int 指针。

int a,b;

```
double c,d;
int *p;/* p中只能保存int型数据的地址*/
```
则
```
p = &a;/* 正确,将a的地址保存到p中,a是int型变量*/
p = &b;/* 正确,将b的地址保存到p中,b是int型变量*/
p = &c;/* 错误,c是double型,不是int型,p不能保存c的地址*/
p = &d;/* 错误,d是double型,不是int型,p不能保存d的地址*/
```
要想保存double型变量的地址,要定义double型指针:
```
double *q;/* q中只能保存double型数据的地址*/
q = &c;/* 正确,将c的地址保存到q中,c是double型变量*/
q = &d;/* 正确,将d的地址保存到q中,d是double型变量*/
q = &a;/* 错误,a是int型,不是double型,q不能保存a的地址*/
q = &b;/* 错误,b是int型,不是double型,q不能保存b的地址*/
```

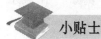
小贴士

C语言是很讲究的,不仅用专用的指针变量保存地址,而且对于不同类型的数据,还专用不同类型的指针变量。

3. 为指针变量赋值

为指针变量赋值,有两种方式:① 通过赋值语句的方式;② 在变量定义时赋初值。

(1) 通过赋值语句为指针变量赋值

```
int a=5;
int *p;
p = &a;/*不能写为*p=&a,变量名是p,不是*p */
p = a;/*错误,p不能保存普通整数 */
```

在为指针变量赋值之前,指针变量的值是不确定的,也就是随机数,即随机的地址。千万不要使用未赋值的指针变量中保存的随机地址,否则,可能会导致整个系统崩溃。

(2) 定义指针变量时赋初值

```
int *q = &a;
```

注意:指针变量的初值必须是一个地址。

在这种赋值中,其含义仍然是p=&a;,而不是 *p=&a;。

*是与int结合的,变量的类型为int *,变量名是p,而不是* p。

(3) 指针变量之间互相赋值

所赋的值是其中保存的地址。赋值要求两个指针变量的基类型必须相同。

```
int a = 5;
int *p,*q;
```

```
p = &a;/* 指针p指向了变量a,p保存变量a的地址 */
q = p;/* q、p均指向变量a */
```

（4）指针变量中只能存放地址，不能将一个整常数直接赋给一个指针变量

例如：

```
int *p;
p = 100;/* p是指针变量,100是整数,不合法*/
```

系统无法分辨100是地址，从形式上看，100是整型常数，只能赋给整型变量。

但是，允许把数值0赋给指针变量，仅此特例。

```
p = 0;
```

系统规定，如果一个指针变量里保存的地址为0，则说明这个指针变量不指向任何内容，称为空指针。

4. 两个运算符与引用指针变量

◆ &，取地址运算符，获取变量的地址，写作 &变量名。&a是变量a的地址。

◆ *，*是指针运算符，又称"间接访问"运算符。写作*指针变量名。例如，*p 表示指针变量p指向的对象，即以p为地址的内存单元的内容。

在引用指针变量时，可能有3种情况：

（1）给指针变量赋值

例如：

```
int *p;
int a =5;
p = &a;/* 把变量a的地址赋给指针变量p */
```

指针变量p的值是变量a的地址，p指向a。

（2）引用指针变量指向的变量

```
int *p;
int a =5;
int b;
p = &a;/* 把变量a的地址赋给指针变量p */
b = *p;/* 把指针变量p所指向的变量的值,即变量a的值,赋给变量b */
*p = 2;/* 将整数1赋给p当前所指向的变量,则此时相当于把1赋给a,即a=1;*/
```

程序运行结果如图8-3所示。

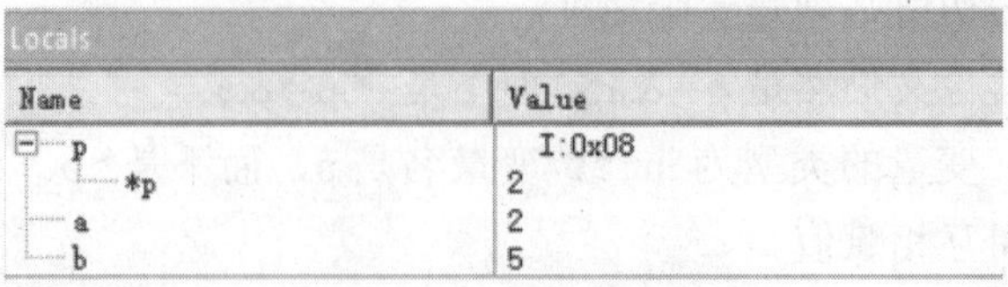

图8-3 运行结果

（3）引用指针变量的值

```
int *p,*q;
```

```
int a =5;
p = &a;/* 把变量 a 的地址赋给指针变量 p */
q = p;/* 把指针变量 p 的值,即变量 a 的地址,赋给指针变量 q */
```

注意:

& 和 *都是单目运算符,结合方向为"自右向左"。

& 和 *互为逆运算,即一个&和一个*可以相互抵消。

例如,假设有变量 a 和指针变量 p,并且 p = &a;,则(用⇔表示等价于):

(1) &*p ⇔ p ⇔ &a

指针运算*、取地址运算&相互抵消,所以&*p 等价于 p。

(2) *&a ⇔ a

取地址运算&、指针运算*相互抵消,所以*&a 等价于 a。

(3) &*&*p ⇔ p

指针运算*、取地址运算&、指针运算*、取地址运算&相互抵消,所以&*&*p 等价于 p。

(4) *&*&p ⇔ a

指针运算*、取地址运算&、指针运算*、取地址运算&相互抵消,所以*&*&p 等价于 *p,而 p = &a,所以*&*&p 等价于 a。

这是 C 语言中典型的一符号多用现象。

*在 C 语言中的用法有:

① 定义指针变量时,*是一个标志,标志所定义的是指针变量。

例如

```
int *p;int *q;(注意:*前面有 int 等类型说明符)
```

② 取指针变量所指向的内容,或改写所指向的内容。

例如,*p=2;、*q=a;(注意:*前面没有 int 等类型说明符,*前无内容,*后有一个常量、变量、表达式等)

③ 在算术表达式中,*是乘法运算符。

例如,a*b(注意:*前后各有一个量,可以是常量、变量、表达式等)

&号在 C 语言中的用法有:

① 取地址运算符。

例如,p=&a;(注意:仅仅在&号右边有一个变量)

② 按位与运算符。

例如,c=a&b;(注意:&号前后都有量,可以是变量或者整常数等)

(四)任务实施 1

步骤一:创建 51 单片机的 C 语言工程

① 在 D 盘下创建文件夹,命名为"指针变量 1"。

② 启动 Keil,创建工程,命名为"指针变量 1",并把工程存放至"D:\指针变量 1"文件夹下,如图 8-4 所示。工程创建完成后,如图 8-5 所示。

图 8-4　设置工程路径

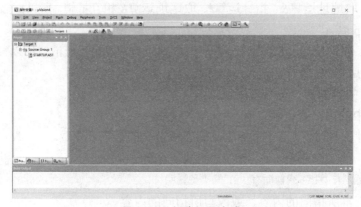

图 8-5　创建工程完成

步骤二：创建 C 语言源程序文件 main.c，并添加到工程中

① 创建 main.c 文件，如图 8-6 所示。

图 8-6　创建 main.c 文件

② 将 main.c 文件添加至工程，如图 8-7 所示。

图 8-7 将 main.c 文件添加至工程

步骤三：编写 C 语言源程序

编写 C 语言源程序，如图 8-8 所示。

```
/*******************************
*功能：指针变量的定义与赋值、引用
*作者：***
*日期：2019-8-20 V1.0
********************************/
//包含相应的头文件
#include"stdio.h"
#include"reg52.h"

int main()
{
    int a =2, x=4;
    int *p;
    SCON = 0x03; /*UART#1输出设置*/
    printf("a x的初始值:");
    printf("%d %d ",a,x);
    printf("\n"); /*换行*/
    p = &a;
    x=*p;     /* 等价于 x = a;*/
    *p = 10;  /* 等价于 a = 10;*/
    printf("a x的最新值:");
    printf("%d %d ",a,x);
    printf("\n"); /*换行*/
    printf("%d",*p); /* 等价于printf("%d",a);*/

    return 0;
}
```

图 8-8 编写 C 语言源程序

```c
/******************************
*功能:指针变量的定义与赋值、引用
*作者:***
*日期:2019-8-20 V1.0
******************************/
//包含相应的头文件
#include"stdio.h"
#include"reg52.h"

int main()
{
    int a =2, x=4;
    int *p;
    SCON = 0x03; /*UART#1 输出设置*/
    printf("a x的初始值:");
    printf("%d %d ",a,x);
    printf("\n"); /*换行*/
    p = &a;
    x=*p;    /* 等价于 x = a;*/
    *p = 10; /* 等价于 a = 10;*/
    printf("a x的最新值:");
    printf("%d %d ",a,x);
    printf("\n"); /*换行*/
    printf("%d",*p); /* 等价于 printf("%d",a);*/

    return 0;
}
```

步骤四：编译程序

编译程序，如果有警告、错误，则修改程序，重新编译，如图8-9所示。

```
Build Output
Build target 'Target 1'
assembling STARTUP.A51...
compiling main.c...
linking...
Program Size: data=37.1 xdata=0 code=1315
"指针变量1" - 0 Error(s), 0 Warning(s).
```

图8-9　程序编译结果

配置工程属性,生成 HEX 文件,如图 8-10 所示。

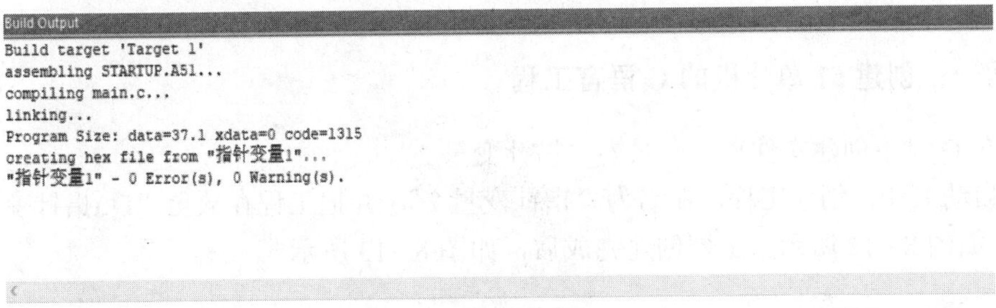

图 8-10 生成 HEX 文件

步骤五:在 UART #1 中观察输出

执行程序,输出结果是:
a x 的初始值: 2 4
a x 的最新值: 10 2
10
如图 8-11 所示。

图 8-11 在 UART #1 中窗口输出

(五)任务评价 1

序号	一级指标	分值	得分	备注
1	单片机 C 语言工程	10		
2	C 语言源文件创建与添加至工程	10		
3	C 语言源程序编程 int *指针变量定义 指针变量的赋值与引用	40		
4	源程序调试与生成 HEX 文件	20		
5	观察输出,分析程序	20		
	合计	100		

(六)任务实施 2

步骤一：创建 51 单片机的 C 语言工程

① 在 D 盘下创建文件夹，命名为"指针变量 2"。

② 启动 Keil，创建工程，命名为"指针变量 2"，并把工程存放至"D:\指针变量 2"文件夹下，如图 8-12 所示。工程创建完成后，如图 8-13 所示。

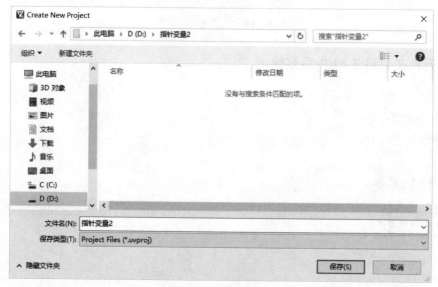

图 8-12 设置工程路径

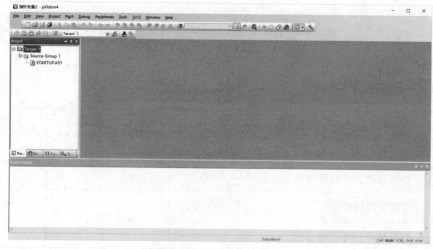

图 8-13 创建工程完成

步骤二：创建 C 语言源程序文件 main.c，并添加到工程中

① 创建 main.c 文件，如图 8-14 所示。

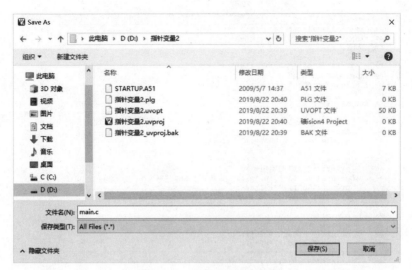

图 8-14 创建 main.c 文件

② 将 main.c 文件添加至工程,如图 8-15 所示。

图 8-15 将 main.c 文件添加至工程

步骤三:编写 C 语言源程序

编写 C 语言源程序,如图 8-16 所示。

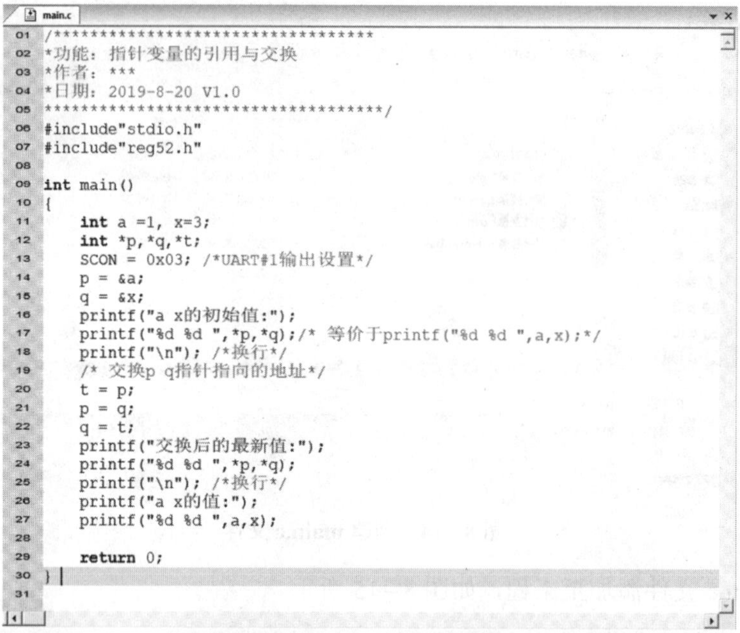

图 8-16 编写 C 语言源程序

```
/*******************************
*功能:指针变量的引用与交换
*作者:***
*日期:2019-8-20 V1.0
********************************/
#include"stdio.h"
#include"reg52.h"

int main()
{
    int a =1, x=3;
    int *p,*q,*t;
    SCON = 0x03; /*UART#1 输出设置*/
    p = &a;
    q = &x;
    printf("变量a x 的初始值:");
    printf("%d %d ",*p,*q);/* 等价于printf("%d %d ",a,x);*/
    printf("\n"); /*换行*/
    /* 交换指针变量p q 指向的地址*/
    t = p;
    p = q;
    q = t;
```

```
printf("交换后的最新值:");
printf("%d %d ",*p,*q);
printf("\n"); /*换行*/
printf("变量a x的值:");
printf("%d %d ",a,x);

return 0;
}
```

步骤四：编译程序

编译程序，如果有警告、错误，则修改程序，重新编译，如图 8-17 所示。

图 8-17 程序编译结果

配置工程属性，生成 HEX 文件，如图 8-18 所示。

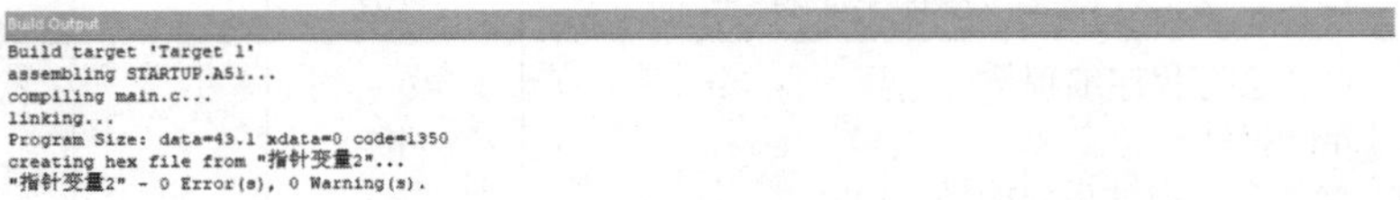

图 8-18 生成 HEX 文件

步骤五：在 UART #1 中观察输出

执行程序，输出结果是：
变量 a x 的初始值：1 3
交换后的最新值：3 1
变量 a x 的值：1 3
如图 8-19 所示。

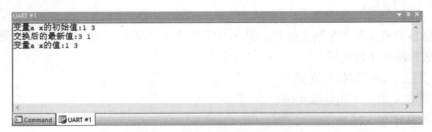

图 8-19 在 UART #1 中窗口输出

程序执行过程如图 8-20 所示。

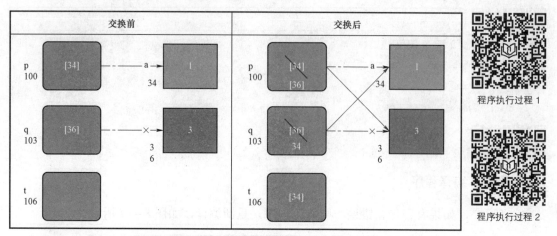

程序执行过程 1

程序执行过程 2

图 8-20 程序执行过程

（七）任务评价 2

序号	一级指标	分值	得分	备注
1	单片机 C 语言工程	10		
2	C 语言源文件创建与添加至工程	10		
3	C 语言源程序编程 int *指针变量定义 交换 2 个指针指向的地址	40		
4	源程序调试与生成 HEX 文件	20		
5	观察输出，分析程序	20		
	合计	100		

（八）思考练习

1. 什么叫内存单元的地址？什么叫指针？
2. 定义一个 int 型指针变量，并赋初值，之后引用该指针，输出至 p0 口。

（九）任务拓展

使用指针变量实现从小到大排序。根据本任务的程序设计方法，思考以下情景任务实现方法，并进行编程予以实现：

1. 定义三个 int *型指针变量。
2. 给所定义的三个指针赋初值。
3. 实现从小到大排序。

为后续任务的学习打好基础。

任务二 让"多彩报警灯"炫起来

(一) 任务描述

通过使用指针与数组,实现 8 个各色 LED 灯的报警灯炫彩闪烁效果,掌握以下内容:
① 指针与数组的关系。
② 指针变量加减整数。
③ 通过指针引用一维数组元素。
④ 数组名和地址的关系。

(二) 任务目标

通过本任务的学习,掌握指针指向数组、指针变量加减整数、通过指针引用一维数组元素、数组名和地址等内容。

(三) 知识准备

C 语言数组和指针的关系极其密切。通过指针访问数组元素的机制是 C 语言特有的。一个变量有地址,一个数组包含多个元素,每个数组元素在内存中当然都有相应的地址。指针变量可以指向变量,也可以指向数组元素(把数组的一个元素的地址存放到一个指针变量中)。数组元素的指针就是数组元素的地址。

```
int a[5]={1,2,3,4,5}; /*定义 int 数组,每个元素占 2 字节,假设起始地址 100*/
int *p;      /*定义 int 型指针变量 p*/
p=&a[0];     /*把 a[0]的地址赋给 p,p 指向 a[0],p 的值是地址 100*/
```

以上程序使指针 p 指向数组 a 的第 0 号元素,如图 8-21 所示。

引用数组元素可以使用下标法(如 a[0]、a[1]、a[2]、a[3]、a[4]),也可以使用指针法,即通过指向数组元素的指针找到所需的元素。使用指针法能够使程序质量更高,占用内存少,运算速度快。

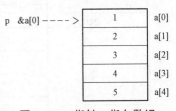

图 8-21 指针 p 指向数组

在 C 语言中,数组名(比如上面的数组名 a)代表数组中首个元素的地址(即第 0 号的元素 a[0]的地址)。

因此,下面两个语句等价:

```
p=&a[0];
p=a;
```

语句 p=a;的作用是:把数组的首个元素的地址,即 a[0]的地址赋给指针变量 p。

1. 指针变量加减整数

当指针已经指向一个数组元素时,可以对指针进行以下运算:
① 加一个整数,比如 p+1;。

② 减一个整数，比如 p-1;。
③ 自加运算，比如 p++;, ++p;。
④ 自减运算，比如 p--;, --p;。
⑤ 两个指针相减，比如 p1-p2（只有指向同一个数组的元素时，才有实际意义）
假设：
int a[10] = {1,2,3,4,5,6,7,8,9,10};   /*定义 int 数组*/
int *p;   /*定义 int 型指针变量 p*/
p = &a[2];   /*把 a[2]的地址赋给 p,p 指向 a[2]*/
说明如下：

① 以上程序使指针 p 指向数组 a 的元素 a[2]，则 p+1 指向该数组 a 中的下一个元素，即 a[3]；p-1 指向该数组 a 中的上一个元素，即 a[1]。

注意：执行 p+1，不是将 p 的值（一个地址）简单地加 1，而是加上一个数组元素所占内存的字节数。在上述程序中，数组 a 的元素是 int 类型，在 Keil 中，int 型元素占 2 个字节，所以，p+1 就是 p 的值（一个地址）加 2 个字节，使 p 指向下一个元素，如图 8-22 所示。

指针的自加运算（p++;, ++p;）的执行过程类似于 p+1;。
指针的自减运算（p--;, --p;）的执行过程类似于 p-1;。

② 如果指针 p 指向数组的首元素 a[0]，则 p+j 和 a+j 都是数组元素 a[j]的地址，即 p+j 和 a+j 指向数组 a 中序号为 j 的元素，如图 8-23 所示。

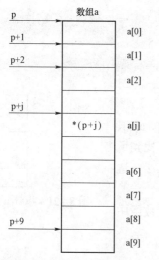

图 8-22 指针 p 指向数组 a

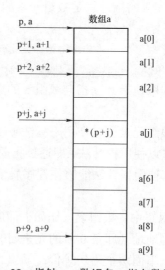

图 8-23 指针 p、数组名 a 指向数组 a

注意：a 代表数组首元素的地址，即 a[0]的地址。

③ *(p+j)、*(a+j)是 p+j、a+j 所指向的数组元素 a[j]。例如，*(p+5)、*(a+5)就是 a[5]。

④ 如果指针变量 p1 和 p2 都指向同一数组中的元素，执行 p2-p1，表示 p2 所指向的元素与 p1 所指向的元素之间相差的元素个数。

例如：

```
p1 = &a[2];
p2 = &a[6];
p2 - p1;//结果是 4
```

注意：两个地址不能相加，如 p2+p1 没有实际意义。

2．通过指针引用一维数组元素

通过指针引用一维数组元素需要一个指向数组元素的指针变量，它的基类型与数组元素的类型相同。

通过指针引用数组元素是 C 语言提供的一种高效数组访问机制。

假设指针 p 指向数组 a 某元素的地址，则：

*p=5；将对应数组元素赋值 5。

p+1 或（p++）也是指针，指向数组下一个元素。

p+5 指向 p 所指元素之后第五个元素。

p-1 指向 p 所指元素的前一个元素。

指针有效范围必须满足数组空间的限制，避免越界访问。这个问题与数组下标越界问题的控制同样重要。

当指针 p 指向 s 数组的首地址时，表示数组元素 s[i]的表达式也可以是 p[i]。实际上，p 不一定要指向 s 的首地址，如果 p=&s[2];，即 p 指向 s[2]，则 p+3 指向 s[5]，p[3]引用的数组元素是 s[5]。

至此，有 5 种表示 s 数组元素 s[i]的方法：

- s[i]
- *(s+i)
- *(p+i)
- p[i]
- p 指向 s[i]，使用*p 表示 s[i]

3．数组名和地址关系

数组名在 C 语言中被处理成一个地址常量，也就是数组所占连续存储单元的起始地址，一旦定义，数组名永远是数组的首地址，在其生存期不会改变。

不能给数组名重新赋值，但可以用在数组名后加一个整数的办法，依次表达数组中不同元素的地址。

例如：

```
int a[10];
```

a 与&a[0]是等价的，a[1]的地址是 a+1，可用&a[1]表示。

对数组元素 a[3]，可以用*(a+3)来引用，也可以用*&a[3]来引用。

（四）电路连接准备

在本项目中，使 LED 控制接口连接 51 单片机 P0 口，连接线示意图如图 8-24 所示。

注意：连接功能板上的电源 V_{CC} 和 GND 至 51 单片机核心板上的 V_{CC} 和 GND 端口。

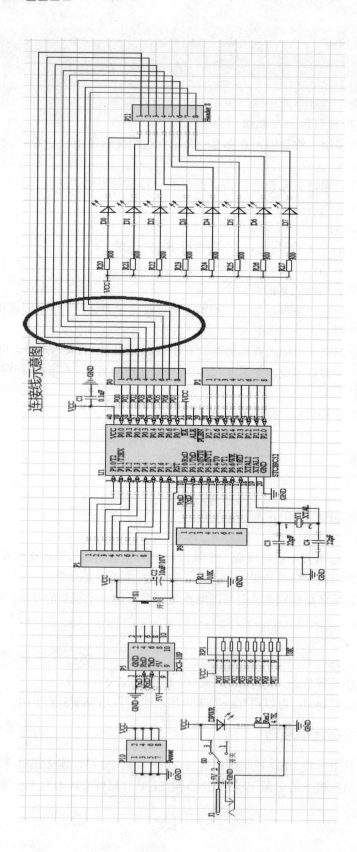

图 8-24 电路连接示意图

（五）任务实施

步骤一：创建 51 单片机的 C 语言工程

① 在 D 盘下创建文件夹，命名为"指针与数组"。

② 启动 Keil，创建工程，命名为"指针与数组"，并把工程存放至"D:\指针与数组"文件夹下，如图 8-25 所示。工程创建完成后，如图 8-26 所示。

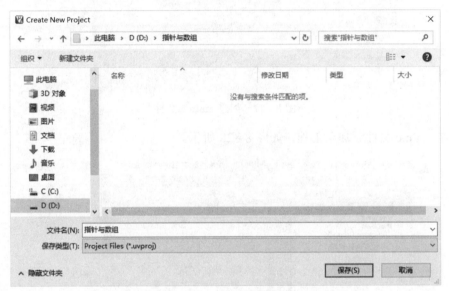

图 8-25　设置工程路径

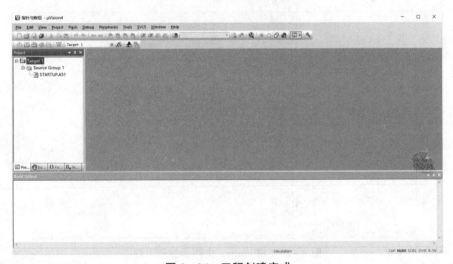

图 8-26　工程创建完成

步骤二：创建 C 语言源程序文件 main.c，并添加到工程中

① 创建 main.c 文件，如图 8-27 所示。

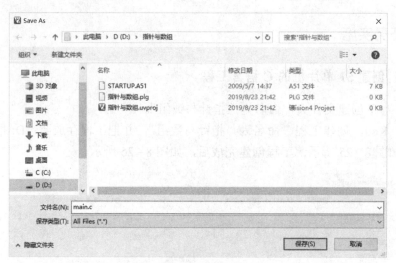

图 8-27　创建 main.c 文件

② 将 main.c 文件添加至工程，如图 8-28 所示。

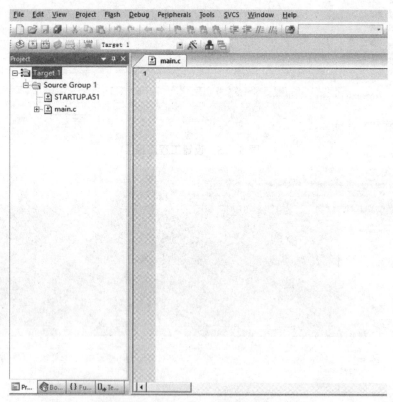

图 8-28　将 main.c 文件添加至工程

步骤三：编写 C 语言源程序

编写 C 语言源程序，如图 8-29 所示。

项目八 让我的单片机炫起来——结构体

```
/*******************************
*功能：使用指针与数组，实现八个各色LED灯的报警灯炫彩闪烁效果
*作者：***
*日期：2019-8-16 V1.0
*******************************/
//包含相应的头文件
#include <reg52.h>
/*******************************
*函数名：delay
*功  能：延时函数
*参  数：unsigned int ms，延时时长，单位ms
*返回值：无
*******************************/
void delay(unsigned int ms)
{
    unsigned int j;
    unsigned char k;
    for(j=0; j<ms; j++)
        for(k=0; k<125; k++)
            ;
}
int main()
{
    //共阳数码管0-F段码
    unsigned char xuan[36] = {0xfe,0xfd,0xfb,0xf7,
                              0xef,0xdf,0xbf,0x7f,
                              0xfe,0xfd,0xfb,0xf7,
                              0xef,0xdf,0xbf,0x7f,
                              0x7f,0xbf,0xdf,0xef,
                              0xf7,0xfb,0xfd,0xfe,
                              0x7f,0xbf,0xdf,0xef,
                              0xf7,0xfb,0xfd,0xfe,
                              0x00,0xff,0x00,0xff
                             };
    unsigned char *p;
    int j=0;
    p = xuan;
    while(1)
```

图 8-29 编写 C 语言源程序

/*******************************

*功能:使用指针与数组实现 8 个各色 LED 灯的报警灯炫彩闪烁效果

*作者:***

*日期:2019-8-16 V1.0

*******************************/

//包含相应的头文件

#include <reg52.h>

/*******************************

*函数名:delay

*功 能:延时函数

*参 数:unsigned int ms,延时时长,单位ms

*返回值:无

*******************************/

void delay(unsigned int ms)

{

    unsigned int j;

    unsigned char k;

    for(j=0; j<ms; j++)

        for(k=0; k<125; k++)

            ;

}

```c
int main()
{
    //共阳数码管 0～F 段码
    unsigned char xuan[36] = {0xfe,0xfd,0xfb,0xf7,
                    0xef,0xdf,0xbf,0x7f,
                   0xfe,0xfd,0xfb,0xf7,
                     0xef,0xdf,0xbf,0x7f,
                     0x7f,0xbf,0xdf,0xef,
                     0xf7,0xfb,0xfd,0xfe,
                     0x7f,0xbf,0xdf,0xef,
                     0xf7,0xfb,0xfd,0xfe,
                     0x00,0xff,0x00,0xff
                    };
    unsigned char *p;
    int j=0;
    p = xuan;
    while(1)
    {
        for (j=0; j<=35; j++)
        {
            P0 = *(xuan + j);
            delay(1000);
        }
    }
    return 0;
}
```

步骤四：编译程序

编译程序，如果有警告、错误，则修改程序，重新编译，如图 8-30 所示。

```
Build Output
Build target 'Target 1'
assembling STARTUP.A51...
compiling main.c...
MAIN.C(30): warning C182: pointer to different objects
linking...
Program Size: data=28.0 xdata=0 code=363
"指针与数组" - 0 Error(s), 1 Warning(s).
```

图 8-30　程序编译结果

配置工程属性，生成 HEX 文件，如图 8-31 所示。

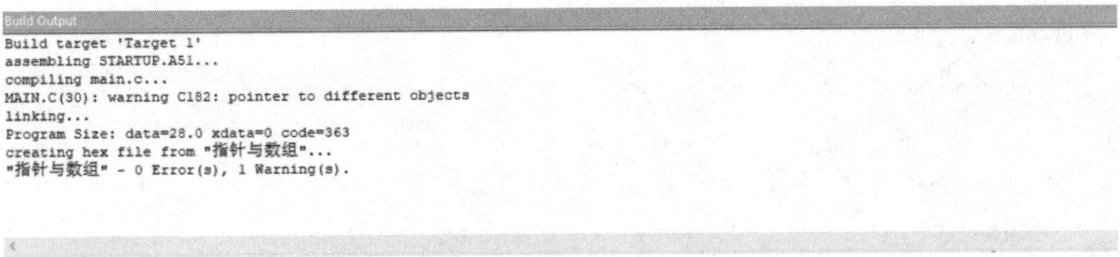

```
Build Output
Build target 'Target 1'
assembling STARTUP.A51...
compiling main.c...
MAIN.C(30): warning C182: pointer to different objects
linking...
Program Size: data=28.0 xdata=0 code=363
creating hex file from "指针与数组"...
"指针与数组" - 0 Error(s), 1 Warning(s).
```

图 8-31 生成 HEX 文件

步骤五：写入单片机

把生成的 HEX 文件写入单片机，观察现象，验证功能，并进行成果展示。

（六）任务评价

序号	一级指标	分值	得分	备注
1	单片机 C 语言工程	10		
2	C 语言源文件创建与添加至工程	10		
3	C 语言源程序编程 数组定义与初始化 数组名的使用 使用数组名引用数组元素	40		
4	源程序调试与生成 HEX 文件	20		
5	写入单片机，验证功能，成果展示	20		
	合计	100		

（七）思考练习

1. ［讨论］比较使用指针引用数组元素与使用下标法引用数组元素这两种方法。

2. 假设 a 为一个数组名，通过 a+i，依次指向了 a 数组的每一个元素。使用*(a+i)引用每一个元素的值。

3. ［讨论］使用 C 语言编译对数组元素寻址的操作过程。

（八）任务拓展

使用指针与数组，根据本任务的程序设计方法，思考以下情况，并编程予以实现验证。

1.

```
for (j=0; j<=15; j++)
  {
     P0 = *(a + j);
     delay(1000);
  }
```

替换为：
```
for (j=0; j<=15; j++)
{
    P0 = *(p + j);
    delay(1000);
}
```
编译程序，观察 P0 的变化，并在单片机上实现观察现象。

2.
```
for (j=0; j<=15; j++)
{
    P0 = *(a + j);
    delay(1000);
}
```

替换为：
```
for (j=0; j<=15; j++)
{
    P0 = *(p ++);
    delay(1000);
}
p = a;
```
编译程序，观察 P0 的变化，并在单片机上实现观察现象。

任务三　输出字符串"Huawei"

（一）任务描述

通过对输出字符串"Huawei"知识的学习，掌握以下内容：
① 用 char 型数组保存字符串。
② 用字符指针指向一个字符串。

（二）任务目标

通过使用数组保存字符串、使用指针保存字符串的相关实验，要求掌握使用数组保存字符串、使用指针保存字符串的技能。

（三）知识准备

在 C 语言中，字符串常量是用双引号（" "）括起来的一串字符（0 个或者多个字符），例如"Huawei"、"Xiaomi"、""（空字符串）等。

C 语言中没有字符串变量，要在程序中存储字符串，有两种方式：

① 用字符数组存放一个字符串。
② 用字符指针指向一个字符串。

1. 用 char 型数组保存字符串

字符串由多个字符组成，可用一个 char 型的一维数组来保存字符串。注意：一个字符型数组只能保存一个字符串。

字符串末尾须有字符'\0'表示字符串的结束，所以，用 char 型数组保存字符串时，数组中须有'\0'元素，否则它只是一个数组。

例如：

（1）

```
char c[] = {'H','u','a','w','e','i'};
```

定义了 char 型数组 c，在数组名后的 [ ] 内没有明确数组元素的个数，通过{}中的初始值进行 c 的初始化。初始值有 6 个字符，因此数组 c 中有 6 个元素。但是由于没有'\0'元素结尾，所以数组 c 只能作为 char 型数组使用，不能当作字符串使用。

字符串存储示意图如图 8-32 所示。

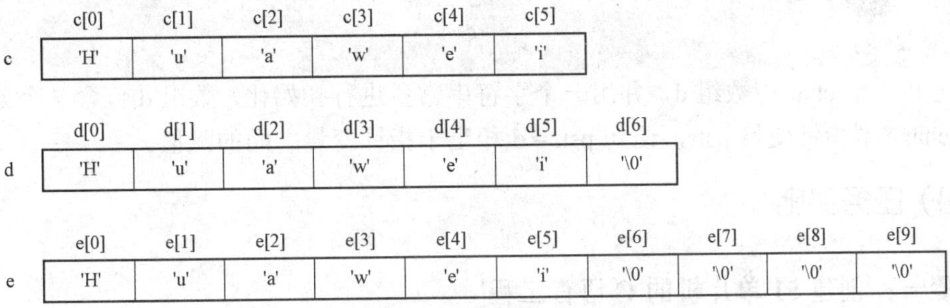

	c[0]	c[1]	c[2]	c[3]	c[4]	c[5]			
c	'H'	'u'	'a'	'w'	'e'	'i'			

	d[0]	d[1]	d[2]	d[3]	d[4]	d[5]	d[6]		
d	'H'	'u'	'a'	'w'	'e'	'i'	'\0'		

	e[0]	e[1]	e[2]	e[3]	e[4]	e[5]	e[6]	e[7]	e[8]	e[9]
e	'H'	'u'	'a'	'w'	'e'	'i'	'\0'	'\0'	'\0'	'\0'

图 8-32 字符串存储示意图

（2）

```
char d[] = {'H','u','a','w','e','i','\0'};
```

定义了 char 型数组 d，在数组名后的 [ ] 内没有明确数组元素的个数，通过{}中的初始值进行 d 的初始化。初始值有 7 个字符，因此数组 d 中有 7 个元素。但是由于是以'\0'元素结尾的，所以数组 d 不仅能作为 char 型数组使用，还能当作字符串使用。

（3）

```
char e[10] = {'H','u','a','w','e','i'};
```

定义了 char 型数组 e，在数组名后的 [ ] 内中明确了数组有 10 个元素，通过{}中的初始值进行 e 的初始化。初始值有 6 个字符，因此数组 e 中前 6 个元素有了初始值，后 4 个元素自动补了 0 ('\0')，所以数组 e 不仅能作为 char 型数组使用，还能当作字符串使用。

以上定义 char 型数组赋初值，通过对每个元素单独赋字符，来实现用 char 型数组保存字符串的操作，十分麻烦。

以下方式是用 char 型数组保存字符串时的简便用法：

```
char d[] = {"Huawei"};
```

还可以省略{}，如下：

```
char d[]= "Huawei";
```

上述两种写法与 char d[]= {'H','u','a','w','e','i','\0'};的写法等效。

2. 用字符指针指向一个字符串

在 C 语言中，可以将字符串的首地址赋给 char *型的指针变量，在 char *型指针中保存字符串的首地址。

一对""引起来的一串字符称为字符串常量，这个字符串常量可以看作一个表达式，该表达式的值就是字符串常量的首地址。

如下所示：

```
char *pstr = "Huawei";//定义指针变量时赋初值
```

将字符串常量"Huawei"看作表达式，则表达式的值为这个字符串常量的首地址。

```
char *pstr;
pstr = "Huawei";
```

先定义 char *型指针变量 pstr，然后通过赋值语句为 pstr 赋值。

```
char d[]= "Huawei";
char *pstr;
pstr = d;
```

先定义一个 char 型数组 d，并用一个字符串常量进行初始化，数组 d 包含 7 个元素。之后定义 char *型指针变量 pstr，语句 pstr=d;相当于指针变量之间的赋值。

（四）任务实施

步骤一：创建 51 单片机的 C 语言工程

① 在 D 盘下创建文件夹，命名为"指针与字符串"。

② 启动 Keil，创建工程，命名为"指针与字符串"，并把工程存放至"D:\指针与字符串"文件夹下，如图 8-33 所示。工程创建完成后，如图 8-34 所示。

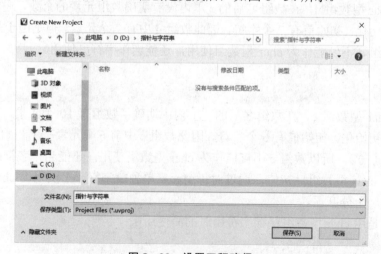

图 8-33 设置工程路径

项目八 让我的单片机炫起来——结构体

图 8-34 工程创建完成

步骤二：创建 C 语言源程序文件 main.c，并添加到工程中

① 创建 main.c 文件，如图 8-35 所示。

图 8-35 创建 main.c 文件

② 将 main.c 文件添加至工程，如图 8-36 所示。

图 8-36　将 main.c 文件添加至工程

步骤三：编写 C 语言源程序

编写 C 语言源程序，如图 8-37 所示。

```
/************************************
*功能: 指针与字符串，字符数组保存字符串，字符指针保存字符串
*作者: ***
*日期: 2019-8-16 V1.0
************************************/
//包含相应的头文件
#include"stdio.h"
#include"reg52.h"
int main()
{
    char c[] = {'H','u','a','w','e','i'};
    char d[] = {'H','u','a','w','e','i','\0'};
    char e[10] = {'H','u','a','w','e','i'};
    char d2[] = {"Huawei"};
    char d3[] = "Huawei";
    char *pstr = "Huawei";
    char *pstr2;
    SCON = 0x03; /*UART#1输出设置*/
    pstr2 = "Huawei";
    printf("1:%s\n",c);
    printf("2:%s\n",d);
    printf("3:%s\n",e);
    printf("特殊简便用法:%s\n",d2);
    printf("省略{}写法:%s\n",d3);
    printf("定义指针变量时赋初值:%s\n",pstr);
    printf("先定义指针变量,后赋值:%s\n",pstr2);
    return 0;
}
```

图 8-37　编写 C 语言源程序

```c
/***********************************
*功能:指针与字符串,字符数组保存字符串,字符指针保存字符串
*作者:***
*日期:2019-8-16 V1.0
***********************************/
//包含相应的头文件
#include"stdio.h"
#include"reg52.h"
int main()
{
    char c[] = {'H','u','a','w','e','i'};
    char d[] = {'H','u','a','w','e','i','\0'};
    char e[10] = {'H','u','a','w','e','i'};
    char d2[] = {"Huawei"};
    char d3[] = "Huawei";
    char *pstr = "Huawei";
    char *pstr2;
    SCON = 0x03;  /*UART#1 输出设置*/
    pstr2 = "Huawei";
    printf("1:%s\n",c);
    printf("2:%s\n",d);
    printf("3:%s\n",e);
    printf("特殊简便用法:%s\n",d2);
    printf("省略{}写法:%s\n",d3);
    printf("定义指针变量时赋初值:%s\n",pstr);
    printf("先定义指针变量,后赋值:%s\n",pstr2);
    return 0;
}
```

步骤四:编译程序

编译程序,如果有警告、错误,则修改程序,重新编译,如图 8-38 所示。

```
Build Output
Build target 'Target 1'
assembling STARTUP.A51...
compiling main.c...
linking...
Program Size: data=73.1 xdata=0 code=1693
"指针与字符串" - 0 Error(s), 0 Warning(s).
```

图 8-38 程序编译结果

配置工程属性,生成 HEX 文件,如图 8-39 所示。

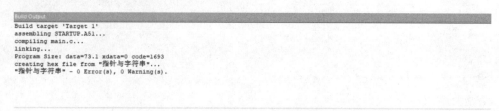

图 8-39　生成 HEX 文件

步骤五：在 UART #1 中观察输出

调试程序,在 UART#1 窗口中观察程序执行结果,如图 8-40 所示。

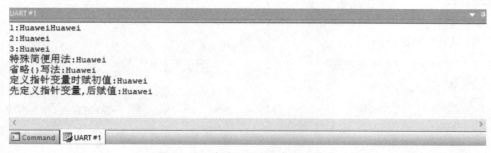

图 8-40　在 UART #1 窗口中输出

(五) 任务评价

序号	一级指标	分值	得分	备注
1	单片机 C 语言工程	10		
2	C 语言源文件创建与添加至工程	10		
3	C 语言源程序编程 编程实现用 char 型数组保存字符串 编程实现用字符指针指向一个字符串	40		
4	源程序调试与生成 HEX 文件	20		
5	观察输出,分析程序	20		
	合计	100		

(六) 思考练习

1. 任务实施中的语句 printf("1:%s\n",c);的执行结果是 Huawei Huawei,请分析其原因,并编程验证。

2. 使用以下语句：

```
char d[] = "Huawei";
char *pstr;
```

```
pstr = d;
```
编写程序,观察输出结果,是否能够实现使用 char *指针保存字符串?

(七)任务拓展

根据本任务的程序设计方法,思考以下情景任务实现方法,并进行编程予以实现:
① 使用字符型指针保存一个字符串。
② 使用循环结构输出指针保存的字符串的每个字符。
③ 输出指针保存的字符串的中间部分字符。

项目九 让我的单片机功能化——指针

一、项目简介

C 语言中提供了一些已经定义好的数据类型，比如 int、short、long、char、float、double 等，在定义变量时，可以用来定义变量，保存对应类型的数据。当要解决比较复杂的问题时，当仅仅使用系统提供的简单数据类型不能高效地解决问题时，C 语言允许我们自己设计新的数据类型，并用来定义变量，以便更好地实现单片机的功能化开发与应用。

本项目通过 3 个任务的学习与实践，逐步掌握结构体、共同体和枚举类型的相关知识。

二、项目目标

本项目通过 3 个任务，学习 C 语言中的指针。要求掌握的内容包括：
① 结构体的定义及引用。
② 结构体数组。
③ 共同体类型。
④ 枚举类型。
⑤ 类型标识符的自定义。

三、工作任务

深入学习 C 语言的知识，以任务驱动的方式实现以下 3 个任务：
① LED、数码管和蜂鸣器组成交响乐团。
② 让我告诉你今天星期几。
③ 让我们手拉手亮起来。

任务一 LED、数码管和蜂鸣器组成交响乐团

（一）任务描述

通过设计结构体，定义结构体变量、初始化与引用，实现控制 LED、数码管和蜂鸣器。
① 状态 1：LED 显示 1 个灯，数码管显示 1，蜂鸣器叫。
② 状态 2：LED 显示 2 个灯，数码管显示 2，蜂鸣器不叫。
③ 两种状态间隔 1 s 相互转换。

（二）任务目标

通过对 LED、数码管和蜂鸣器状态的控制，掌握设计结构体类型、定义结构体类型变量、引用结构体变量等知识。

（三）知识准备

在实际生活和程序设计中，有些数据是有内在联系的。例如，一位同学的学号、姓名、性别、年龄、成绩等，是同属于一位同学的，见表 9-1。其中，学号 num、姓名 name、性别 sex、年龄 age、成绩 score 都属于 Zhan San 同学的信息。如果把学号 num、姓名 name、性别 sex、年龄 age、成绩 score 分别定义为单独的变量，它们之间的内在联系就难以反映出来，这时需要一种新的数据类型，那么如何设计一种新型的数据类型呢？

表 9-1 一位同学的信息

学号	姓名	性别	年龄	成绩
num	name	sex	age	score
201804101	Zhan San	M	17	85

C 语言允许用户基于已有的数据类型（int、char、float、double 等）创造和组装，设计组合型的数据类型，这种新的数据类型称为结构体。

 小贴士

结构体不是变量，是一种数据类型，是由用户设计的一种自定义的类型。

在程序中建立一个结构体类型，用来表示表 9-1 中所表示的数据结构。

```
struct Student
{
    long num;              //学号为long int
    char name[20];         //姓名为字符串,字符数组
    char sex;              //性别为字符型
    int age;               //年龄为int
    float score;           //成绩为float
                           //注意:最后有一个分号
};
```

以上是结构体类型的定义，struct 是关键字，struct 后的 Student 是新类型的名字。

声明一个结构体类型的一般形式为：

```
struct 结构体名
{
    成员列表
};
```

花括号内的成员列表是该结构体所包含的子项，称为结构体的成员。例如上面程序中的

num、name、sex、age、score 等都是成员。

对各成员都需要进行类型声明，即

类型名 成员名;

与定义变量一样，必须基于已有的数据类型，可以是 int、char、float 等基本类型，也可以是已定义的结构体类型。

 小贴士

新类型的名字是 struct Student，是一个合法的数据类型，而不是 Student。在 C 语言中，涉及结构体的类型名必须带有关键字 struct，否则编译系统会报错。

在程序中，可以设计许多种结构体类型，例如 struct Student、struct Teacher、struct Mode 等，每种结构体类型包含不同的成员。

现在有了 struct Student 这一结构体数据类型，可以用来定义变量，表示与学生相关的一些信息。

在前面已经定义了结构体类型 struct Student，现在用该类型定义变量：

struct Student boy1,girl2;

其中，struct Student 是数据类型；boy1、girl2 是变量，其类型是 struct Student。与定义整型变量的写法

int a,b;

类似。

声明类型和定义变量分离，在声明类型后，可以根据需要随时定义变量，比较灵活。

两个变量 boy1、girl2 的空间情况如图 9-1 所示。

	num	name	sex	age	score
boy1:	long	char name [20]	char	int	float

	num	name	sex	age	score
girl2:	long	char name [20]	char	int	float

图 9-1 结构体变量

由 5 部分组成：num、name、sex、age、score。这些组成部分就是按照结构体类型定义时所规定的各个成员及顺序来组织的。在 num 区域存放学生的学号，name 区域存放学生的姓名，sex 区域存放学生的性别，age 区域存放学生的年龄，score 区域存放学生的成绩，使用一个 struct Student 类型的变量就可以存储一名学生的整套相关信息。boy1、girl2 两个变量分别存放 2 名学生的信息，互不干扰。

（1）在声明类型的同时定义变量

例如：

struct Student
{

```
    long num;           //学号为 long int 型
    char name[20];      //姓名为字符串,字符数组
    char sex;           //性别为字符型
    int age;            //年龄为 int 型
    float score;        //成绩为 float 型
}boy3, girl4;           //定义 2 个变量
```

上面的程序在定义 struct Student 类型的同时,定义了两个 struct Student 类型的变量 boy3 和 girl4。

这种定义方式的一般形式为:

```
struct 结构体名
{
 成员列表;
}变量名列表;
```

这种方式能够直接看到结构体的结构组成,比较直观,在写小程序时使用比较方便。

(2) 不指定类型名,直接定义结构体类型变量

一般形式为:

```
struct
{
 成员列表;
}变量名列表;
```

设计了一个无名的结构体类型,没有出现结构体名,针对一次性使用的结构体变量比较方便。该结构体类型不能再定义新的变量了。

(3) 结构体变量的初始化与引用

在定义结构体变量的同时,可以对它进行初始化,即赋初始值。

例如:

```
struct Student
{
    long num;
    char name[20];
    char sex;
    int age;
    float score;
} boy3 = {201804101, "Li Ming",'M',17,85.2};
struct Student girl4 = {201804105, "Li li",'F',16,80.5};
```

程序中声明了一个结构体名为 Student 的结构体类型 struct Student,有 5 个成员。在声明结构体类型的同时,定义了结构体变量 boy3,并进行了初始化。在变量名 boy3 后面的花括号内提供了各成员的值,将 201804101、"Li Ming"、'M'、17、85.2 按顺序依次分别赋给 boy3 变量的成员 num、name、sex、age、score。

在声明结构体类型后，定义了结构体变量 girl4，进行初始化。在变量名 girl4 后面的花括号内提供了各成员的值，将 201804105、"Li Li"、'F'、16、80.5 按顺序依次分别赋给 girl4 变量的成员 num、name、sex、age、score。

① 在定义结构体变量时，可以对它的成员进行初始化。初始化列表使用花括号括起来，花括号内的各个常量依次赋给结构体变量中的各个成员。

② 引用结构体变量中的成员，引用方式为：

结构体变量名.成员名

这里的符号点（.）称为成员选择符，相当于"的"，在所有的运算符中优先级最高。可以把 boy3.num 作为一个整体来看待，相当于一个变量。

例如：

```
boy3.num = 2018041010;
strcpy(boy3.name,"Wang Wu");   // strcpy 函数的功能是将字符串保存到数组中
boy3.sex = 'M';
boy3.age = 18;
boy3.score = 68.0;
```

③ 结构体变量的成员可以像普通变量一样进行各种运算。

例如：

```
girl4.score = boy3.score;        //赋值
girl4.age++;                     //自加运算
age_sum = boy3.age + girl4.age;  //加法
```

④ 同类型的结构体变量之间可以相互赋值，例如：

```
girl4 = boy3;
```

⑤ 可以引用结构体变量成员的地址，也可以引用结构体变量的地址。

```
&boy3.num    //boy3.num 的地址
&boy3        //结构体变量 boy3 的起始地址
```

（四）电路连接准备

在本项目中，使 LED 控制接口连接 51 单片机 P0 口，一位数码管连接 P2 口，蜂鸣器 beep 连接 P3^7 引脚，连接线示意图如图 9-2 所示。注意：连接功能板上的电源 V_{CC} 和 GND 至 51 单片机核心板上的 V_{CC} 和 GND 端口。

项目九 让我的单片机功能化——指针

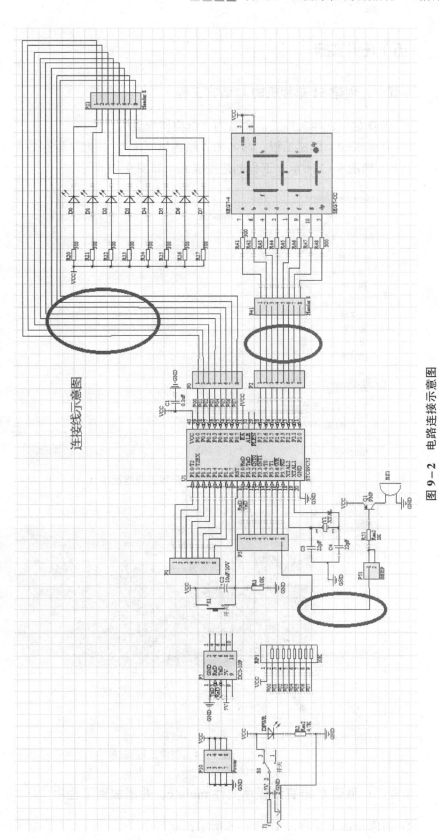

图9-2 电路连接示意图

(五)任务实施

步骤一:创建 51 单片机的 C 语言工程

① 在 D 盘下创建文件夹,命名为"结构体变量"。

② 启动 Keil,创建工程,命名为"结构体变量",并把工程存放至"D:\结构体变量"文件夹下,如图 9-3 所示。工程创建完成后,如图 9-4 所示。

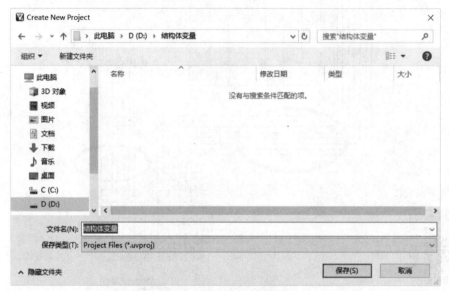

图 9-3 设置工程路径

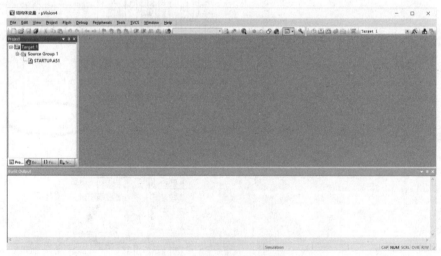

图 9-4 创建工程完成

步骤二:创建 C 语言源程序文件 main.c,并添加到工程中

① 创建 main.c 文件,如图 9-5 所示。

项目九 让我的单片机功能化——指针

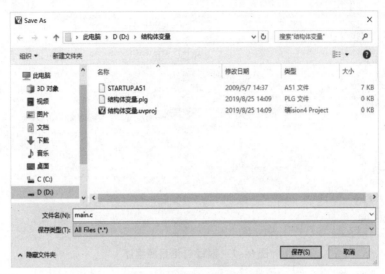

图 9-5 创建 main.c 文件

② 将 main.c 文件添加至工程，如图 9-6 所示。

图 9-6 将 main.c 文件添加至工程

步骤三：编写 C 语言源程序

编写 C 语言源程序，如图 9-7 所示。

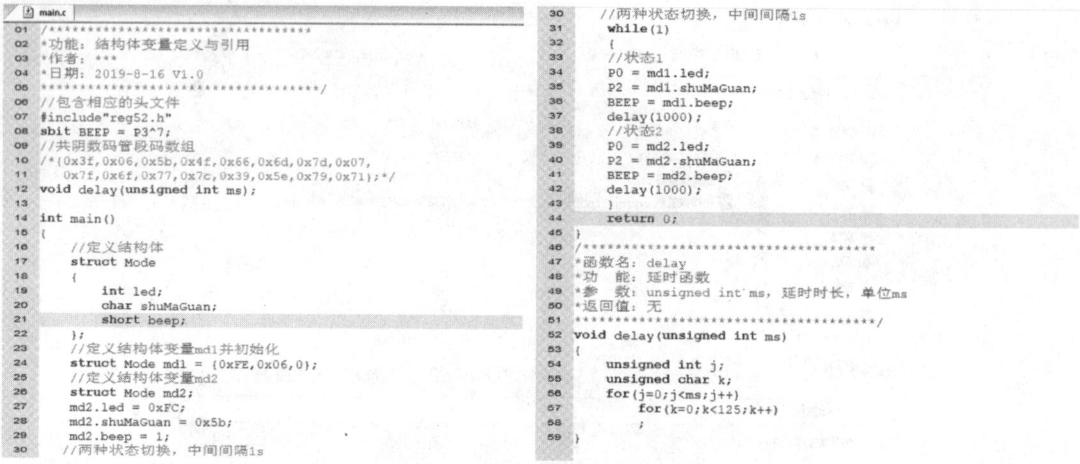

图 9-7 编写 C 语言源程序

任务实现的编程过程中，重点包括：

创建结构体：

```c
struct Mode
{
    int led;
    char shuMaGuan;
    short beep;
};
```

定义结构体变量并初始化结构体：

```c
//定义结构体变量md1并初始化
struct Mode md1 = {0xFE,0x06,0};
//定义结构体变量md2
struct Mode md2;
md2.led = 0xFC;
md2.shuMaGuan = 0x5b;
md2.beep = 1;
```

引用结构体变量：

```c
//状态1
P0 = md1.led;
P2 = md1.shuMaGuan;
BEEP = md1.beep;

//状态2
P0 = md2.led;
P2 = md2.shuMaGuan;
BEEP = md2.beep;
```

完整代码如下：

```c
/*******************************
*功能:结构体变量定义与引用
*作者:***
*日期:2019-8-16 V1.0
*******************************/
//包含相应的头文件
#include"reg52.h"
sbit BEEP = P3^7;
//共阴数码管段码数组
/*{0x3f,0x06,0x5b,0x4f,0x66,0x6d,0x7d,0x07,
  0x7f,0x6f,0x77,0x7c,0x39,0x5e,0x79,0x71};*/
void delay(unsigned int ms);

int main()
{
    //定义结构体
    struct Mode
    {
        int led;
        char shuMaGuan;
        short beep;
    };
    //定义结构体变量md1并初始化
    struct Mode md1 = {0xFE,0x06,0};
    //定义结构体变量md2
    struct Mode md2;
    md2.led = 0xFC;
    md2.shuMaGuan = 0x5b;
    md2.beep = 1;
    //两种状态切换,中间间隔1 s
    while(1)
    {
    //状态1
    P0 = md1.led;
    P2 = md1.shuMaGuan;
    BEEP = md1.beep;
    delay(1000);
```

```c
    //状态2
    P0 = md2.led;
    P2 = md2.shuMaGuan;
    BEEP = md2.beep;
    delay(1000);
    }
    return 0;
}
/*****************************************
*函数名:delay
*功  能:延时函数
*参  数:unsigned int ms,延时时长,单位ms
*返回值:无
*****************************************/
void delay(unsigned int ms)
{
    unsigned int j;
    unsigned char k;
    for(j=0;j<ms;j++)
        for(k=0;k<125;k++)
            ;
}
```

步骤四：编译程序

编译程序，如果有警告、错误，则修改程序，重新编译，如图9-8所示。

```
Build Output
Build target 'Target 1'
assembling STARTUP.A51...
compiling main.c...
linking...
Program Size: data=19.0 xdata=0 code=360
"结构体变量" - 0 Error(s), 0 Warning(s).
```

图9-8　程序编译结果

配置工程属性，生成HEX文件，如图9-9所示。

```
Build Output
Build target 'Target 1'
assembling STARTUP.A51...
compiling main.c...
linking...
Program Size: data=19.0 xdata=0 code=360
creating hex file from "结构体变量"...
"结构体变量" - 0 Error(s), 0 Warning(s).
```

图9-9　生成HEX文件

步骤五：写入单片机

把生成的 HEX 文件写入单片机，观察现象，验证功能，并进行成果展示。

（六）任务评价

序号	一级指标	分值	得分	备注
1	单片机 C 语言工程	10		
2	C 语言源文件创建与添加至工程	10		
3	C 语言源程序编程 设计结构体 定义结构体变量并初始化 结构体变量引用	40		
4	源程序调试与生成 HEX 文件	20		
5	写入单片机，验证功能，成果展示	20		
	合计	100		

（七）思考练习

1. 设计一个结构体（包括年、月、日），并定义一个结构体类型的变量。
2. 结构体类型变量有哪几种初始化方式？
3. 如何引用结构体变量中的成员？

（八）任务拓展

1. 结构体数组

一个结构体类型变量可以存放一组相关的数据，如果需要多个同类型的数据，可以应用数组。如果一个数组的各元素都是同一种结构体类型的结构体变量，则称为结构体数组。

小贴士

结构体数组与项目六介绍的数值型数组的区别：结构体数组的每个元素都是一个结构体类型的数据。

定义结构体数组的一般形式如下：

① struct 结构体名：

{成员列表} 数组名[数组长度]；

② 先设计一个结构体类型（如 struct Mode），然后用此类型定义结构体数组：

结构体类型 数组名[数组长度]；

任务描述：通过设计结构体类型、定义结构体类型变量、初始化与引用，实现控制 LED、数码管和蜂鸣器状态的切换。

① 数码管显示 0～9。

② 点亮相应数量的 LED 灯，数码管显示 9 时，LED 全亮。

③ 数码管显示偶数，蜂鸣器叫；数码管显示奇数，蜂鸣器不叫。

在本任务的基础上，编写 C 语言程序。实现任务的编程过程，重点包括：

创建结构体：

```c
struct Mode
{
    int led;
     char shuMaGuan;
     short beep;
};
```

定义结构体数组：

```c
struct Mode md[10];
//初始化
md[0] = {0xFE,0x06,0};
```

完整代码如下：

```c
main.c
/*************************************
*功能:结构体变量数组,并实现板子状态切换
*作者:***
*日期:2019-8-16 V1.0
*************************************/
//包含相应的头文件
#include"reg52.h"
sbit BEEP = P3^7;
//共阴数码管段码数组
char  SEG[] = {0x3f,0x06,0x5b,0x4f,0x66,0x6d,0x7d,0x07,
              0x7f,0x6f,0x77,0x7c,0x39,0x5e,0x79,0x71
             };
//蜂鸣器状态
short beepMode[] = {0,1,0,1,0,1,0,1,0,1};
void delay(unsigned int ms);

int main()
{
    int j;
    //定义结构体
```

```c
    struct Mode
    {
        int led;
        char shuMaGuan;
        short beep;
    };
    //定义结构体数组
    struct Mode mode[10];
    //初始化第一个结构体数组元素
    mode[0].led = 0xFF;
    mode[0].shuMaGuan = 0x3f;
    mode[0].beep = 0;
    for(j=1; j<10; j++)
    {
        mode[j].led = 0xFF << j;
        mode[j].shuMaGuan = SEG[j];
        mode[j].beep = beepMode[0];
    }
    //状态切换,中间间隔0.5 s
    while(1)
    {
        for(j=0; j<10; j++)
        {
            P0 = mode[j].led;
            P2 = mode[j].shuMaGuan;
            BEEP = mode[j].beep;
            delay(500);
        }
    }
    return 0;
}
/*****************************
*函数名:delay
*功  能:延时函数
*参  数:unsigned int ms,延时时长,单位ms
*返回值:无
*****************************/
void delay(unsigned int ms)
```

```
{
    unsigned int j;
    unsigned char k;
    for(j=0; j<ms; j++)
        for(k=0; k<125; k++)
            ;
}
```

其余操作为：编译程序；配置工程属性，生成 HEX 文件；写入单片机；验证功能，成果展示。

2. 类型定义符 typedef

绰号，是另一种称呼。给熟悉的朋友起绰号，则叫他的绰号和叫他本人的名字，可起到相同的效果。在 C 语言中，可以用 typedef 为某个数据类型起一个绰号，即别名。

注意：typedef 是给数据类型起绰号的，用于声明新类型名。

例如：用 typedef 为 int 起别名为 INTEGER：

```
typedef int INTEGER;
```

最后的分号必不可少。

定义整型变量时，int a,b;与 INTEGER a,b;是完全等效的。

用 typedef 为结构体类型起别名能够给编程带来方便。例如：

```
typedef struct Mode
{
    int led;
    char shuMaGuan;
    short beep;
} Mod;
```

则 Mod 是 struct Mode 类型的别名，以后可以用 Mod 来直接定义结构变量、结构体数组等。

```
Mod mode1,mode2;
Mod md[10];
```

注意，不能写成 struct Mod mode1,mode2;，因为 Mod 已经代表了 struct Mode，不能再在前面添加 struct。

对 typedef 的准确理解应该是：用与定义变量相同的方式来定义别名（前面加 typedef），这里的"变量名"就是类型的名字。

也就是按照定义变量的方式，把变量名换上新类型名，并且在最前面加 typedef，这样就声明了新类型名代表原来的类型。

练一练：

可以将任务拓展中的程序修改为：

```
int main()
{   int j;
```

```c
//定义结构体与别名
typedef struct Mode
{
    int led;
    char shuMaGuan;
    short beep;
} Mod;

//使用别名定义结构体数组
Mod mode[10];
//初始化第一个结构体数组元素
mode[0].led = 0xFF;
mode[0].shuMaGuan = 0x3f;
mode[0].beep = 0;
for(j=1; j<10; j++)
{
    mode[j].led = 0xFF << j;
    mode[j].shuMaGuan = SEG[j];
    mode[j].beep = beepMode[0];
}
//状态切换,中间间隔0.5s
while(1)
{
    for(j=0; j<10; j++)
    {
        P0 = mode[j].led;
        P2 = mode[j].shuMaGuan;
        BEEP = mode[j].beep;
        delay(500);
    }
}
return 0;
}
```

其余操作为：编译程序；配置工程属性，生成 HEX 文件；写入单片机；验证功能，成果展示。

任务二　让我告诉你今天星期几

（一）任务描述

通过枚举类型数据演示实例来实现"让我告诉你今天星期几"任务,掌握枚举类型的相关知识:
① 枚举类型的定义。
② 枚举变量的定义。
③ 枚举元素的引用。

（二）任务目标

通过枚举类型数据演示实例"让我告诉你今天星期几"的实现,掌握枚举类型的定义、枚举变量的定义、枚举元素的引用等相关知识。

（三）知识准备

在实际应用中,有的变量只有几种可能取值。如人的性别只有两种可能取值、星期只有7种可能取值。在C语言中,可以将这样取值比较特殊的变量定义为枚举类型。所谓枚举,是指将变量的值一一列举出来,只限于在列举出来的值中取值。如:

```
enum Weekday{mon,tue,wed,thu,fri,sat,sun};
```

以上声明了一个枚举类型 enum Weekday。花括号中的 mon、tue、wed、thu、fri、sat、sun 称为枚举元素或者枚举常量。它们是用户指定的名字。

用枚举类型定义变量,例如:

```
enum Weekday workday;
```

其中,workday 被定义为枚举变量。枚举变量的特殊之处:枚举变量的值只限于花括号中指定的值之一。

声明枚举类型的一般形式:

```
enum 枚举名{枚举成员列表};
```

其中,枚举成员列表以逗号","分隔。

或者:

```
enum 枚举名{枚举元素1,枚举元素2,枚举元素3,...};
```

其中,枚举名遵循标识符命名规则。

如同结构体（struct）一样,枚举变量也可用不同的方式说明,即先定义后说明、同时定义说明或直接说明。设有变量 a、b、c 被说明为上述的 weekday,可采用下述任一种方式:

```
enum weekday{sun,mon,tue,wed,thu,fri,sat};        //定义枚举类型
enum weekday a,b,c;                                //定义3个枚举类型的变量
enum weekday{sun,mon,tue,wed,thu,fri,sat} a,b,c;   /*定义枚举类型的同时,定义3
个变量*/
```

```
enum{sun,mon,tue,wed,thu,fri,sat}a,b,c;          /*枚举名可省略,但后面不能再
定义新的枚举变量*/
```

枚举常量的值如下。

例如：

```
enum Weekday
{
    mon, tue, wed,  thu, fri, sat, sun
};
```

该枚举名为 Weekday，枚举值共有 7 个，即一周中的 7 天。

像上面那样，当不写对应的值时，枚举值默认从 0 开始，即等同于：

```
enum Weekday
{
        mon  =  0,
        tue  =  1,
        wed  =  2,
        thu  =  3,
        fri  =  4,
        sat  =  5,
        sun  =  6
};
```

当然，也可以像这样简写：

```
enum Weekday
{
        mon  =   0,
        tue,
        wed,
        thu,
        fri,
        sat,
        sun
};
```

这样枚举值就会从 0 开始递增，和上面的写法是一样的。

用 typedef 关键字将枚举类型定义成别名，并利用该别名进行变量声明：

```
typedef enum workday   //此处的workday可以省略,或者改成其他,不会影响后面
{
    sun,
    mon,
    tue,
    wed,
    thu,
    fri,
    sat
} workday;  //此处的workday为枚举型 enum Workday 的别名,类似于 int


 workday today, tomorrow;  /*变量 today 和 tomorrow 的类型为枚举型 workday,也即 enum
workday*/
```

在程序中可以直接使用某个枚举中的枚举元素，从而大大增加程序的可读性。例如：

```
typedef enum
{
  LED1 = 0,
  LED2 = 1,
  LED3 = 2,
  LED4 = 3
} Led_TypeDef;
```

说明：

① 在 C 编译器中将枚举元素按常量处理，因此也称为枚举常量（注意：不能对枚举元素进行赋值）。

② 枚举元素作为常量，它是有值的，C 语言编译时，按定义时的顺序使值为 0，1，2，3，…。也可以改变枚举元素的值，在定义时直接指定元素的值。

③ 枚举值可以用来做比较判断，枚举值的比较规则是按其在定义时的顺序号进行比较。如果定义时未人为指定，则第一个枚举元素的值默认为 0。

④ 一个整数不能直接赋给一个枚举常量，它们属于不同的类型，应先进行强制类型转换才能赋值。

⑤ 内存的分配。enum 是枚举型，所占内存空间恒为 4 字节。

⑥ 不能定义同名的枚举类型。

⑦ 不能包含同名的枚举成员。

（四）电路连接准备

在本项目中，使 LED 的控制接口连接 51 单片机的 P0 口，连接线示意图如图 9-10 所示。注意：连接功能板上的电源 V_{CC} 和 GND 至 51 单片机核心板上的 V_{CC} 和 GND 端口。

（五）任务实施

步骤一：创建 51 单片机的 C 语言工程

① 在 D 盘下创建文件夹，命名为"枚举类型演示"。

② 启动 Keil，创建工程，命名为"枚举类型演示"，并把工程存放至"D:\枚举类型演示"文件夹下，如图 9-11 所示。工程创建完成后，如图 9-12 所示。

步骤二：创建 C 语言源程序文件 main.c，并添加到工程中

① 创建 main.c 文件，如图 9-13 所示。

项目九 让我的单片机功能化——指针

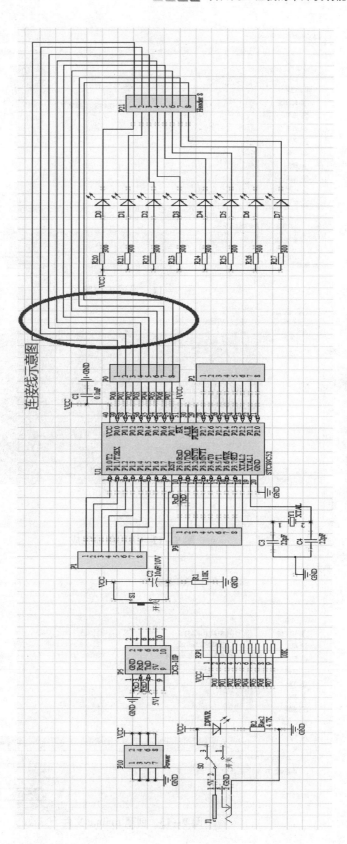

图9-10 电路连接示意图

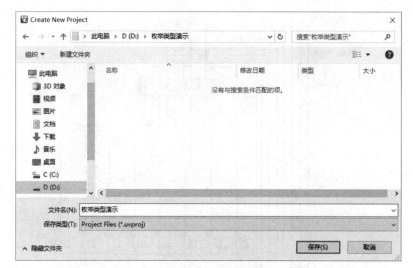

图 9-11　设置工程路径

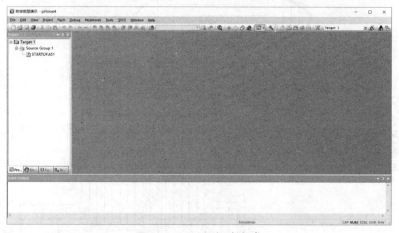

图 9-12　工程创建完成

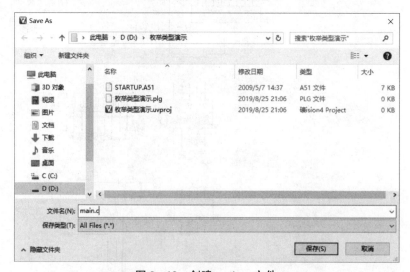

图 9-13　创建 main.c 文件

② 将 main.c 文件添加至工程，如图 9-14 所示。

图 9-14 将 main.c 文件添加至工程

步骤三：编写 C 语言源程序

编写 C 语言源程序，如图 9-15 所示。

图 9-15 编写 C 语言源程序

```c
/******************************
*功能:枚举类型数据演示
*作者:***
*日期:2019-8-16 V1.0
******************************/
//包含相应的头文件
#include <reg52.h>      // 包含头文件
void delay(unsigned int ms);
void main(void)
{
    enum weekday {mon=2,tue,wed,thu,fri,sat,sun};  //定义枚举数据类型
    enum weekday num1;          //定义枚举变量
    num1 = sat;                 //给枚举变量赋值
    P0 = num1;                  //送P0口显示
    delay(1000);
    num1 = (enum weekday)5;     //使用强制类型转换,将整型值赋给枚举变量
    if(num1 == thu)             //用枚举值进行判断
    {
        P0 = num1;
    }
    else
    {
        P0 = 0x55;              //提示:没有正确显示
    }
    while(1)
    {
    }
}
/******************************
*函数名:delay
*功  能:延时函数
*参  数:unsigned int ms,延时时长,单位ms
*返回值:无
******************************/
void delay(unsigned int ms)
{
    unsigned int j;
    unsigned char k;
```

```
    for(j=0; j<ms; j++)
        for(k=0; k<125; k++)
            ;
}
```

步骤四：编译程序

编译程序，如果有警告、错误，则修改程序，重新编译，如图 9-16 所示。

```
Build Output
Build target 'Target 1'
assembling STARTUP.A51...
compiling main.c...
linking...
Program Size: data=9.0 xdata=0 code=65
"枚举类型演示" - 0 Error(s), 0 Warning(s).
```

图 9-16　程序编译结果

配置工程属性，生成 HEX 文件，如图 9-17 所示。

```
Build Output
assembling STARTUP.A51...
compiling main.c...
linking...
Program Size: data=9.0 xdata=0 code=65
creating hex file from "枚举类型演示"...
"枚举类型演示" - 0 Error(s), 0 Warning(s).
```

图 9-17　生成 HEX 文件

步骤五：写入单片机

把生成的 HEX 文件写入单片机，观察现象，验证功能，并进行成果展示。

（六）任务评价

序号	一级指标	分值	得分	备注
1	单片机 C 语言工程	10		
2	C 语言源文件创建与添加至工程	10		
3	C 语言源程序编程 枚举类型的定义 枚举变量的定义 枚举元素的引用	40		
4	源程序调试与生成 HEX 文件	20		
5	写入单片机，验证功能，成果展示	20		
	合计	100		

（七）思考练习

1. 使用枚举类型定义蜂鸣器的工作状态。

2. 使用枚举类型的好处。

提示：在计算机中，所有信息都是用二进制来表示的，但是用二进制来表示某件事务非常不直观，为了使程序更加直观，引入了枚举类型。

（八）任务拓展

根据本任务的程序设计方法，思考以下情景任务实现方法，并进行编程实现。

① 用 typedef 关键字将枚举类型定义成别名，并利用该别名进行变量声明。

```
typedef enum workday   //此处的workday可以省略，或者改成其他,不会影响后面
{
    saturday,
    sunday,
    monday,
    tuesday,
    wednesday,
    thursday,
    friday
} workday; //此处的workday为枚举型enum workday的别名,类似于int
```

不要枚举名 workday，参考代码如下：

```
typedef enum
{
    saturday,
    sunday,
    monday,
    tuesday,
    wednesday,
    thursday,
    friday
} workday; //此处的workday为枚举型enum workday的别名
workday today, tomorrow; /*变量today和tomorrow的类型为枚举型workday,也即enum workday*/
```

② 单片机开发过程中常用的几个枚举类型。

```
typedef enum {RESET = 0, SET = !RESET} FlagStatus, ITStatus;
typedef enum {DISABLE = 0, ENABLE = !DISABLE} FunctionalState;
typedef enum {ERROR = 0, SUCCESS = !ERROR} ErrorStatus;

#define IS_FUNCTIONAL_STATE(STATE) (((STATE)==DISABLE))|| ((STATE)==ENABLE)))
```

任务三 让我们手拉手亮起来

（一）任务描述

乘法、除法运算和求余运算需要的计算量对于电脑来说可能不算什么负担，但是对于单片机这类控制芯片却是巨大的负担。由于 51 单片机的运算能力有限，特别是乘法、除法运算效率较低，开销特别大，所以在 51 单片机程序中应该尽量避免大量的乘法、除法运算。而 51 单片机编程中，经常会遇到从一个 int 型变量中提取高 8 位（高位字节）和低 8 位（低位字节）的要求，在短时间内进行很多次这样的运算无疑会给程序带来巨大的负担。

其实进行这些操作的时候，我们需要的仅仅是提取高 8 位和低 8 位的数据而已，那么有没有更快速、简单的方法呢？

利用共同体，只需很小的开销，就能实现提取高 8 位和低 8 位的操作。要求掌握以下内容：

① 设计共同体类型。
② 定义共同体类型变量。
③ 引用共同体变量。
④ 理解共同体的内存存储。

（二）任务目标

设计共同体类型，快速实现提取高 8 位和低 8 位的操作。通过本任务，掌握设计共同体类型、定义共同体类型变量、引用共同体变量的方法，了解共同体的内存存储，并应用共同体完成特定任务。

（三）知识准备

任务一中的结构体（struct）是一种构造类型或复杂类型，它可以包含多个类型不同的成员。

在 C 语言中，还有另外一种和结构体非常类似的语法，叫作共同体（union），它的定义格式为：

```
union 共同体名{
    成员列表
};
```

共同体有时也被称为联合体，这也是 union 这个单词的本意。

结构体和共同体的区别在于：结构体的各个成员会占用不同的内存，互相之间没有影响；而共同体的所有成员占用同一段内存，修改一个成员会影响其余所有成员。

结构体占用的内存大于等于所有成员占用的内存的总和（成员之间可能会存在缝隙）；共同体占用的内存等于最长的成员占用的内存。共同体使用了内存覆盖技术，同一时刻只能保存一个成员的值，如果对新的成员赋值，就会把原来成员的值覆盖掉。

共同体也是一种自定义类型，可以通过它来创建变量，例如：

```
union data{
    int n;
    char ch;
    double f;
};
union data a, b, c;
```

上面是先定义共同体，再创建变量，也可以在定义共同体的同时创建变量：

```
union data{
    int n;
    char ch;
    double f;
} a, b, c;
```

如果不再定义新的变量，也可以将共同体的名字省略：

```
union{
    int n;
    char ch;
    double f;
} a, b, c;
```

共同体 data 中，成员 f 占用的内存最多，为 4 字节（在 Keil 4 软件中），所以 data 类型的变量（也就是 a、b、c）也占用 4 字节的内存。

要弄清楚成员之间究竟是如何相互影响的，就得了解各个成员在内存中的分布情况。以上面的共同体类型为例，各个成员在内存中的分布如下：

成员 n、ch、m 在内存中"对齐"到一头，对 ch 赋值修改的是前一个字节，对 m 赋值修改的是前两个字节，对 n 赋值修改的是全部字节。也就是说，ch、m 会影响到 n 的一部分数据，而 n 会影响到 ch、m 的全部数据，如图 9-18 所示。

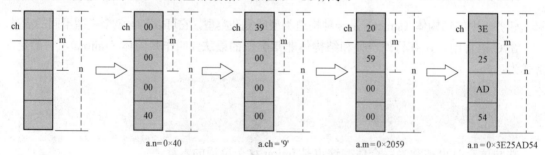

图 9-18 成员在内存中的分布情况

（四）电路连接准备

在本项目中，使 LED 的控制接口连接 51 单片机的 P0 口,并使用同桌的功能板上的 LED 控制接口连接 51 单片机的 P2 口，连接线示意图如图 9-19 所示。注意：连接 2 个功能板上的电源 V_{CC} 和 GND 至 51 单片机核心板上的 V_{CC} 和 GND 端口。

项目九 让我的单片机功能化——指针

电路连接示意图

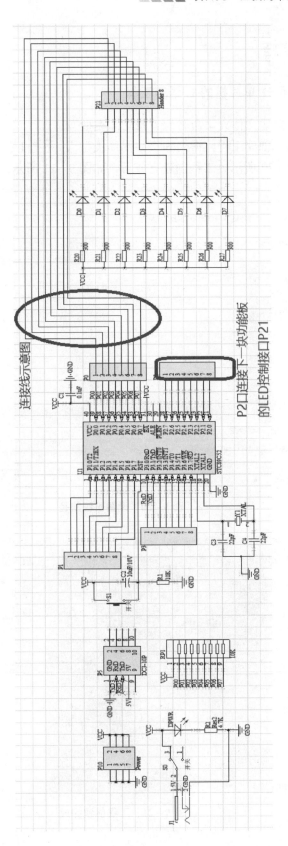

图9-19 电路连接示意图

(五)任务实施

步骤一:创建 51 单片机的 C 语言工程

① 在 D 盘下创建文件夹,命名为"共同体类型"。

② 启动 Keil,创建工程,命名为"共同体类型",并把工程存放至"D:\共同体类型"文件夹下,如图 9-20 所示。工程创建完成后,如图 9-21 所示。

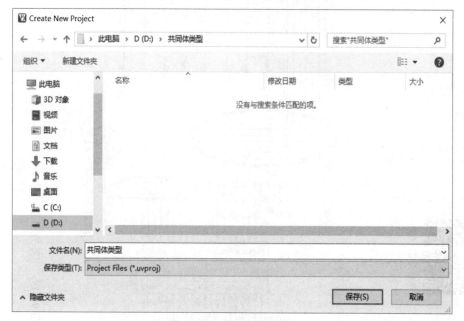

图 9-20 设置工程路径

图 9-21 工程创建完成

步骤二：创建 C 语言源程序文件 main.c，并添加到工程中

① 创建 main.c 文件，如图 9-22 所示。

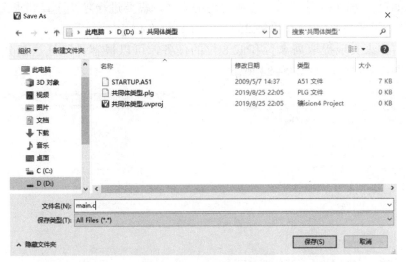

图 9-22　创建 main.c 文件

② 将 main.c 文件添加至工程，如图 9-23 所示。

图 9-23　将 main.c 文件添加至工程

步骤三：编写 C 语言源程序

使用一个核心板控制两个功能板，快速取出一个 int 型变量，即 16 位变量中的高 8 位与低 8 位。比如对于 65 135 这个数，按照之前的方法，需要进行除法运算和求余数运算，则 65 135/256 的结果即高 8 位，65 135%256 的结果即低 8 位。

利用共同体来实现提取高 8 位和低 8 位的任务，可以很容易降低这部分开销。

编写 C 语言源程序，如图 9－24 所示。

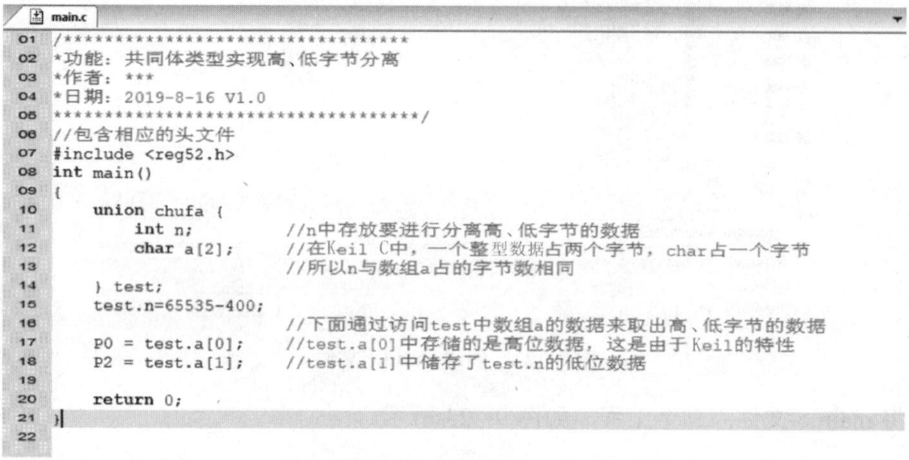

```
main.c
/************************************
*功能：共同体类型实现高、低字节分离
*作者：***
*日期：2019-8-16 V1.0
*************************************/
//包含相应的头文件
#include <reg52.h>
int main()
{
    union chufa {
        int n;              //n中存放要进行分离高、低字节的数据
        char a[2];          //在Keil C中，一个整型数据占两个字节，char占一个字节
                            //所以n与数组a占的字节数相同
    } test;
    test.n=65535-400;
                            //下面通过访问test中数组a的数据来取出高、低字节的数据
    P0 = test.a[0];         //test.a[0]中存储的是高位数据，这是由于Keil的特性
    P2 = test.a[1];         //test.a[1]中储存了test.n的低位数据

    return 0;
}
```

图 9－24　编写 C 语言源程序

代码如下：

```
main.c
/************************************
*功能:共同体类型实现高、低字节分离
*作者:***
*日期:2019-8-16 V1.0
*************************************/
//包含相应的头文件
#include <reg52.h>
int main()
{
    union chufa {
        int n;              //n 中存放要分离高、低字节的数据
        char a[2];          //在 Keil C 中，一个整型数据占两个字节,char 占一个字节
                            //所以 n 与数组 a 占的字节数相同
    } test;
    test.n = 65535-400;     //下面通过访问 test 中数组 a 的数据来取出高、低字节的数据
    P0 = test.a[0];         //test.a[0]中存储的是高位数据,这是 Keil 的特性
```

```
    P2 = test.a[1];       //test.a[1]中储存了test.n的低位数据

    return 0;
}
```

步骤四：编译程序

编译程序，如果有警告、错误，则修改程序，重新编译，如图9-25所示。

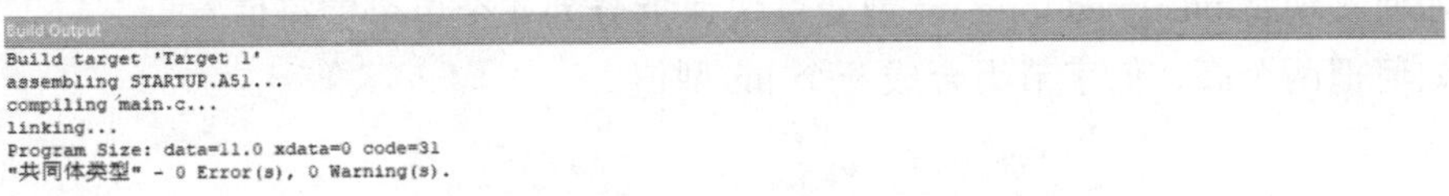

```
Build Output
Build target 'Target 1'
assembling STARTUP.A51...
compiling main.c...
linking...
Program Size: data=11.0 xdata=0 code=31
"共同体类型" - 0 Error(s), 0 Warning(s).
```

图 9-25　程序编译结果

配置工程属性，生成HEX文件，如图9-26所示。

```
Build Output
Build target 'Target 1'
assembling STARTUP.A51...
compiling main.c...
linking...
Program Size: data=11.0 xdata=0 code=31
creating hex file from "共同体类型"...
"共同体类型" - 0 Error(s), 0 Warning(s).
```

图 9-26　生成 HEX 文件

步骤五：写入单片机

把生成的HEX文件写入单片机，观察现象，验证功能，并进行成果展示。

（六）任务评价

序号	一级指标	分值	得分	备注
1	单片机C语言工程	10		
2	C语言源文件创建与添加至工程	10		
3	C语言源程序编程： 设计共同体类型； 定义共同体类型变量； 引用共同体变量	40		
4	源程序调试与生成HEX文件	20		
5	写入单片机，验证功能，成果展示	20		
	合计	100		

（七）思考练习

1. 结构体和共同体的区别主要有哪些？
2. 简述共同体类型变量的各个成员在内存中的分布情况，并编程予以验证。

（八）任务拓展

根据本任务的程序设计方法，思考以下情景任务实现方法，并进行编程予以实现：

① 如何实现将 unsigned long int 型变量快速拆分为 4 个单个字符值？

② 如何把两个高、低字节组合成一个 int 型值？

参 考 文 献

[1] 谭浩强. C程序设计（第五版）[M]. 北京．清华大学出版社，2017．
[2] 宋春秀. C语言程序设计[M]. 南京．江苏凤凰教育出版社，2015．
[3] 张宁. C语言其实很简单[M]. 北京．清华大学出版社，2015．
[4] 刘振海，王国明. 单片机技术及应用（第3版）[M]. 北京．高等教育出版社，2015．
[5] 王森著. C语言编程基础（第2版）[M]. 北京．电子工业出版社，2008．
[6] 孙月红，袁小平. 单片机应用技术[M]. 北京．电子工业出版社，2017．

附录一 C语言关键字

C语言关键字：

auto	break	case	char	const	continue
default	do	double	else	enum	extern
float	for	goto	if	int	long
register	return	short	signed	sizeof	static
struct	switch	typedef	union	unsigned	void
volatile	while				

C51扩展关键字：

关键字	用途	说明
bit	位标量声明	声明一个位标量或位类型的函数
sbit	位标量声明	声明一个可位寻址变量
sfr	特殊功能寄存器声明	声明一个特殊功能寄存器
sfr16	特殊功能寄存器声明	声明一个16位的特殊功能寄存器
data	存储器类型说明	直接寻址的内部数据存储器
bdata	存储器类型说明	可位寻址的内部数据存储器
idata	存储器类型说明	间接寻址的内部数据存储器
pdata	存储器类型说明	分页寻址的外部数据存储器
xdata	存储器类型说明	外部数据存储器
code	存储器类型说明	程序存储器
interrupt	中断函数说明	定义一个中断函数
reentrant	再入函数说明	定义一个再入函数
using	寄存器组定义	定义芯片的工作寄存器

附录二　ASCII

ASCII（American Standard Code for Information Interchange，美国信息交换标准代码）是基于拉丁字母的一套电脑编码系统，主要用于显示现代英语和其他西欧语言。它是现今最通用的单字节编码系统，并等同于国际标准 ISO/IEC 646。

ASCII 使用指定的 7 位或 8 位二进制数组合来表示 128 或 256 种可能的字符。标准 ASCII 也叫基础 ASCII 码，使用 7 位二进制数（剩下的 1 位二进制为 0）来表示所有的大写和小写字母、数字 0~9、标点符号，以及在美式英语中使用的特殊控制字符。其中：

0~31 及 127（共 33 个）是控制字符或通信专用字符（其余为可显示字符），如控制符：LF（换行）、CR（回车）、FF（换页）、DEL（删除）、BS（退格）、BEL（响铃）等；通信专用字符：SOH（文头）、EOT（文尾）、ACK（确认）等；ASCII 值 8、9、10 和 13 分别为退格、制表、换行和回车字符。它们并没有特定的图形显示，但会依不同的应用程序而对文本显示有不同的影响。

32~126（共 95 个）是字符（32 是空格），其中 48~57 为 0~9 十个阿拉伯数字。

65~90 为 26 个大写英文字母，97~122 号为 26 个小写英文字母，其余为一些标点符号、运算符号等。

同时还要注意，在标准 ASCII 中，其最高位（b7）是奇偶校验位。所谓奇偶校验，是指在代码传送过程中用来检验是否出现错误的一种方法，一般分为奇校验和偶校验两种。奇校验规定：正确的代码一个字节中 1 的个数必须是奇数，若非奇数，则在最高位 b7 添 1；偶校验规定：正确的代码一个字节中 1 的个数必须是偶数，若非偶数，则在最高位 b7 添 1。

后 128 个称为扩展 ASCII。许多基于 x86 的系统都支持使用扩展（或"高"）ASCII。扩展 ASCII 允许将每个字符的第 8 位用于确定附加的 128 个特殊符号字符、外来语字母和图形符号。

Bin （二进制）	Oct （八进制）	Dec （十进制）	Hex （十六进制）	缩写/字符	解释
00000000	0	0	00	NUL（null）	空字符
00000001	1	1	01	SOH（start of headline）	标题开始
00000010	2	2	02	STX（start of text）	正文开始
00000011	3	3	03	ETX（end of text）	正文结束
00000100	4	4	04	EOT（end of transmission）	传输结束
00000101	5	5	05	ENQ（enquiry）	请求

续表

Bin （二进制）	Oct （八进制）	Dec （十进制）	Hex （十六进制）	缩写/字符	解释
00000110	6	6	06	ACK（acknowledge）	收到通知
00000111	7	7	07	BEL（bell）	响铃
00001000	10	8	08	BS（backspace）	退格
00001001	11	9	09	HT（horizontal tab）	水平制表符
00001010	12	10	0A	LF/NL（line feed/new line）	换行键
00001011	13	11	0B	VT（vertical tab）	垂直制表符
00001100	14	12	0C	FF/NP（form feed/new page）	换页键
00001101	15	13	0D	CR（carriage return）	回车键
00001110	16	14	0E	SO（shift out）	不用切换
00001111	17	15	0F	SI（shift in）	启用切换
00010000	20	16	10	DLE（data link escape）	数据链路转义
00010001	21	17	11	DC1（device control 1）	设备控制1
00010010	22	18	12	DC2（device control 2）	设备控制2
00010011	23	19	13	DC3（device control 3）	设备控制3
00010100	24	20	14	DC4（device control 4）	设备控制4
00010101	25	21	15	NAK（negative acknowledge）	拒绝接收
00010110	26	22	16	SYN（synchronous idle）	同步空闲
00010111	27	23	17	ETB（end of trans. block）	结束传输块
00011000	30	24	18	CAN（cancel）	取消
00011001	31	25	19	EM（end of medium）	媒介结束
00011010	32	26	1A	SUB（substitute）	代替
00011011	33	27	1B	ESC（escape）	换码（溢出）
00011100	34	28	1C	FS（file separator）	文件分隔符
00011101	35	29	1D	GS（group separator）	分组符
00011110	36	30	1E	RS（record separator）	记录分隔符
00011111	37	31	1F	US（unit separator）	单元分隔符
00100000	40	32	20	（space）	空格

续表

Bin （二进制）	Oct （八进制）	Dec （十进制）	Hex （十六进制）	缩写/字符	解释
00100001	41	33	21	!	叹号
00100010	42	34	22	"	双引号
00100011	43	35	23	#	井号
00100100	44	36	24	$	美元符
00100101	45	37	25	%	百分号
00100110	46	38	26	&	和号
00100111	47	39	27	'	闭单引号
00101000	50	40	28	(	开括号
00101001	51	41	29	)	闭括号
00101010	52	42	2A	*	星号
00101011	53	43	2B	+	加号
00101100	54	44	2C	,	逗号
00101101	55	45	2D	-	减号/破折号
00101110	56	46	2E	.	句点
00101111	57	47	2F	/	斜杠
00110000	60	48	30	0	数字0
00110001	61	49	31	1	数字1
00110010	62	50	32	2	数字2
00110011	63	51	33	3	数字3
00110100	64	52	34	4	数字4
00110101	65	53	35	5	数字5
00110110	66	54	36	6	数字6
00110111	67	55	37	7	数字7
00111000	70	56	38	8	数字8
00111001	71	57	39	9	数字9
00111010	72	58	3A	:	冒号
00111011	73	59	3B	;	分号

续表

Bin （二进制）	Oct （八进制）	Dec （十进制）	Hex （十六进制）	缩写/字符	解释
00111100	74	60	3C	<	小于
00111101	75	61	3D	=	等号
00111110	76	62	3E	>	大于
00111111	77	63	3F	?	问号
01000000	100	64	40	@	电子邮件符号
01000001	101	65	41	A	大写字母 A
01000010	102	66	42	B	大写字母 B
01000011	103	67	43	C	大写字母 C
01000100	104	68	44	D	大写字母 D
01000101	105	69	45	E	大写字母 E
01000110	106	70	46	F	大写字母 F
01000111	107	71	47	G	大写字母 G
01001000	110	72	48	H	大写字母 H
01001001	111	73	49	I	大写字母 I
01001010	112	74	4A	J	大写字母 J
01001011	113	75	4B	K	大写字母 K
01001100	114	76	4C	L	大写字母 L
01001101	115	77	4D	M	大写字母 M
01001110	116	78	4E	N	大写字母 N
01001111	117	79	4F	O	大写字母 O
01010000	120	80	50	P	大写字母 P
01010001	121	81	51	Q	大写字母 Q
01010010	122	82	52	R	大写字母 R
01010011	123	83	53	S	大写字母 S
01010100	124	84	54	T	大写字母 T
01010101	125	85	55	U	大写字母 U
01010110	126	86	56	V	大写字母 V

续表

Bin （二进制）	Oct （八进制）	Dec （十进制）	Hex （十六进制）	缩写/字符	解释
01010111	127	87	57	W	大写字母 W
01011000	130	88	58	X	大写字母 X
01011001	131	89	59	Y	大写字母 Y
01011010	132	90	5A	Z	大写字母 Z
01011011	133	91	5B	[	开方括号
01011100	134	92	5C	\	反斜杠
01011101	135	93	5D	]	闭方括号
01011110	136	94	5E	^	脱字符
01011111	137	95	5F	_	下划线
01100000	140	96	60	`	开单引号
01100001	141	97	61	a	小写字母 a
01100010	142	98	62	b	小写字母 b
01100011	143	99	63	c	小写字母 c
01100100	144	100	64	d	小写字母 d
01100101	145	101	65	e	小写字母 e
01100110	146	102	66	f	小写字母 f
01100111	147	103	67	g	小写字母 g
01101000	150	104	68	h	小写字母 h
01101001	151	105	69	i	小写字母 i
01101010	152	106	6A	j	小写字母 j
01101011	153	107	6B	k	小写字母 k
01101100	154	108	6C	l	小写字母 l
01101101	155	109	6D	m	小写字母 m
01101110	156	110	6E	n	小写字母 n
01101111	157	111	6F	o	小写字母 o
01110000	160	112	70	p	小写字母 p
01110001	161	113	71	q	小写字母 q

续表

Bin （二进制）	Oct （八进制）	Dec （十进制）	Hex （十六进制）	缩写/字符	解释
01110010	162	114	72	r	小写字母 r
01110011	163	115	73	s	小写字母 s
01110100	164	116	74	t	小写字母 t
01110101	165	117	75	u	小写字母 u
01110110	166	118	76	v	小写字母 v
01110111	167	119	77	w	小写字母 w
01111000	170	120	78	x	小写字母 x
01111001	171	121	79	y	小写字母 y
01111010	172	122	7A	z	小写字母 z
01111011	173	123	7B	{	开花括号
01111100	174	124	7C	|	垂线
01111101	175	125	7D	}	闭花括号
01111110	176	126	7E	~	波浪号
01111111	177	127	7F	DEL（Delete）	删除

附录三 运算符

优先级	运算符	名称或含义	使用形式	结合方向	说明
1	[ ]	数组下标	数组名［常量表达式］	左到右	
	( )	圆括号	（表达式）/函数名（形参表）		
	.	成员选择（对象）	对象.成员名		
	->	成员选择（指针）	对象指针->成员名		
2	-	负号运算符	-表达式	右到左	单目运算符
	（类型）	强制类型转换	（数据类型）表达式		
	++	自增运算符	++变量名/变量名++		单目运算符
	--	自减运算符	--变量名/变量名--		单目运算符
	*	取值运算符	*指针变量		单目运算符
	&	取地址运算符	&变量名		单目运算符
	!	逻辑非运算符	!表达式		单目运算符
	~	按位取反运算符	~表达式		单目运算符
	sizeof	长度运算符	sizeof（表达式）		
3	/	除	表达式/表达式	左到右	双目运算符
	*	乘	表达式*表达式		双目运算符
	%	余数（取模）	整型表达式/整型表达式		双目运算符
4	+	加	表达式+表达式	左到右	双目运算符
	-	减	表达式-表达式		双目运算符
5	<<	左移	变量<<表达式	左到右	双目运算符
	>>	右移	变量>>表达式		双目运算符

续表

优先级	运算符	名称或含义	使用形式	结合方向	说明
6	>	大于	表达式>表达式	左到右	双目运算符
	>=	大于等于	表达式>=表达式		双目运算符
	<	小于	表达式<表达式		双目运算符
	<=	小于等于	表达式<=表达式		双目运算符
7	==	等于	表达式==表达式	左到右	双目运算符
	!=	不等于	表达式!=表达式		双目运算符
8	&	按位与	表达式&表达式	左到右	双目运算符
9	^	按位异或	表达式^表达式	左到右	双目运算符
10	|	按位或	表达式|表达式	左到右	双目运算符
11	&&	逻辑与	表达式&&表达式	左到右	双目运算符
12	||	逻辑或	表达式||表达式	左到右	双目运算符
13	?:	条件运算符	表达式1?表达式2:表达式3	右到左	三目运算符
14	=	赋值运算符	变量=表达式	右到左	
	/=	除后赋值	变量/=表达式		
	*=	乘后赋值	变量*=表达式		
	%=	取模后赋值	变量%=表达式		
	+=	加后赋值	变量+=表达式		
	-=	减后赋值	变量-=表达式		
	<<=	左移后赋值	变量<<=表达式		
	>>=	右移后赋值	变量>>=表达式		
	&=	按位与后赋值	变量&=表达式		
	^=	按位异或后赋值	变量^=表达式		
	|=	按位或后赋值	变量|=表达式		
15	,	逗号运算符	表达式,表达式,…	左到右	从左向右顺序运算

说明：优先级口诀如下。

括号成员排第一；

全体单目排第二；

乘除余三，加减四；

移位五，关系六；

等于不等排第七；

位与异或和位或，

"三分天下"八九十；

逻辑或跟与，

十二和十一；

条件高于赋值；

逗号运算级最低！

附录四 Keil C51 常见编译错误

Keil C51 常见错误警告提示信息如下。
1. Warning 280:'i':unreferenced local variable
说明：局部变量 i 在函数中未做任何的存取操作。
解决方法：消除函数中 i 变量的宣告。
2. Warning 206:'Music3':missing function-prototype
说明：Music3( )函数未做宣告或未做外部宣告，所以无法给其他函数调用。
解决方法：将 void Music3(void)写在程序的最前端做宣告，如果是其他文件的函数，则要写成 extern void Music3(void)，即做外部宣告。
3. Compling:C:\8051\MANN.C
Error 318:can't open file 'beep.h'
说明：这是在编译 C:\8051\MANN.C 程序过程中，main.c 用了指令#include "beep.h"，但却找不到 beep.h。
解决方法：编写一个 beep.h 的包含档并存入 C:\8051 工作目录中。
4. Compling:C:\8051\LED.C
Error 237:'LedOn':function already has a body
说明：LedOn( )函数名称重复定义，即有两个以上一样的函数名称。
解决方法：修正其中一个函数名称，使得函数名称都是独立的。
5. ***WARNING 16:UNCALLED SEGMENT，IGNORED FOR OVERLAY PROCESS
SEGMENT:?PR?_DELAYX1MS?DELAY
说明：DelayX1ms( )函数即使未被其他函数调用，也会占用程序记忆体空间。
解决方法：去掉 DelayX1ms( )函数或利用条件编译#if ….#endif，可保留该函数并不编译。
6. ***WARNING 6:XDATA SPACE MEMORY OVERLAP
FROM:0025H
TO:0025H
说明：外部资料 ROM 的 0025H 重复定义地址。
解决方法：将外部资料 ROM 定义为 Pdata unsigned char XFR_ADC _at_ 0x25。
其中，XFR_ADC 变量的名称为 0x25，检查是否有其他变量的名称也定义在 0x25 处，如是，则修正它。
7. WARNING 206:'DelayX1ms':missing function-prototype
C:\8051\INPUT.C
Error 267:'DelayX1ms ':requires ANSI-style prototype C:\8051\INPUT.C

说明：程序中调用了 DelayX1ms 函数，但是该函数没定义，即未编写程序内容或函数已定义但未做宣告。

解决方法：DelayX1ms 的内容编写完后，也要做宣告或做外部宣告，可在 delay.h 的包含档中宣告成外部，以便其他函数调用。

8. ***WARNING 1:UNRESOLVED EXTERNAL SYMBOL

SYMBOL:MUSIC3

MODULE:C:\8051\MUSIC.OBJ(MUSIC)

***WARNING 2:REFERENCE MADE TO UNRESOLVED EXTERNAL

SYMBOL:MUSIC3

MODULE:C:\8051\MUSIC.OBJ(MUSIC)

ADDRESS:0018H

说明：程序中调用了 MUSIC3 函数，但是未将该函数的含扩档 C 文件加入工程档 Prj 中做编译和连接。

解决方法：设 MUSIC3 函数在 MUSIC.C 文件中，将 MUSIC.C 文件添加到工程文件中去。

9. ***ERROR 107:ADDRESS SPACE OVERFLOW

SPACE:DATA

SEGMENT:_DATA_GROUP_

LENGTH:0018H

***ERROR 118:REFERENCE MADE TO ERRONEOUS EXTERNAL

SYMBOL:VOLUME

MODULE:C:\8051\OSDM.OBJ(OSDM)

ADDRESS:4036H

说明：DATA 型存储空间的地址范围为 0~0x7F，当公用变量数目和函数里的局部变量存储模式设为 SMALL 时，则局部变量先使用工作寄存器 R2~R7 暂存。当存储器不够用时，则会使用 DATA 型的存储空间暂存；当个数超过 0x7F 时，就会出现地址不够的现象。

解决方法：将以 DATA 型定义的公共变量修改为用 IDATA 型定义公共变量。

附录五　原理图、PCB 器件清单

原理图 PCB 器件清单部分：1 核心板原理图

原理图 PCB 器件清单部分：2 功能板原理图

原理图 PCB 器件清单部分：3 核心板 PCB

原理图 PCB 器件清单部分：4 功能板 PCB

原理图 PCB 器件清单部分：5 元器件清单